中等职业学校公共基础课程配套教材

信息技术综合实训（上册）

赵立强　曹丽君　主编

王宇宾　辛向利　刘西印　副主编

電子工業出版社
Publishing House of Electronics Industry
北京•BEIJING

内 容 简 介

本教材依据《中等职业学校信息技术课程标准》，配套《信息技术（基础模块）（上册）》教材编写，旨在培养中等职业学校学生符合时代要求的信息素养和适应职业发展需要的信息能力。

本教材由3章构成，对应《中等职业学校信息技术课程标准》基础模块的第1～3单元。本教材与《信息技术综合实训（下册）》配套使用，课程内容循序渐进，贯穿信息技术课程教学的全过程。本教材通过多样化的实训形式，帮助学生认识信息技术在当今人类生产、生活中的重要作用，理解信息技术、信息社会等概念和信息社会的特征与规范，掌握信息技术设备与系统操作、网络应用、图文编辑、数据处理、程序设计、数字媒体技术应用、信息安全和人工智能等相关知识与技能，综合应用信息技术解决生产、生活和学习情景中的实际问题。

在综合实训学习过程中，本教材旨在培养学生独立思考和主动探究的能力。读者如果能熟练掌握书中相关操作，完全能够满足日常工作和生活中相关应用的需要。

本教材可以作为中等职业学校各类专业的公共课实训教材，也可以作为信息技术应用实训的培训教材。

图书在版编目（CIP）数据

信息技术综合实训．上册 / 赵立强，曹丽君主编．—北京：电子工业出版社，2022.8

ISBN 978-7-121-44079-3

Ⅰ. ①信… Ⅱ. ①赵… ②曹… Ⅲ. ①计算机课－中等专业学校－教学参考资料 Ⅳ. ①G634.673

中国版本图书馆CIP数据核字（2022）第138761号

责任编辑：郑小燕　　特约编辑：田学清
印　　刷：北京利丰雅高长城印刷有限公司
装　　订：北京利丰雅高长城印刷有限公司
出版发行：电子工业出版社
　　　　　北京市海淀区万寿路173信箱　　邮编：100036
开　　本：787×1092　1/16　印张：9.25　字数：113.66千字
版　　次：2022年8月第1版
印　　次：2023年6月第2次印刷
定　　价：35.00元

凡所购买电子工业出版社图书有缺损问题，请向购买书店调换。若书店售缺，请与本社发行部联系，联系及邮购电话：(010) 88254888，88258888。

质量投诉请发邮件至zlts@phei.com.cn，盗版侵权举报请发邮件至dbqq@phei.com.cn。

本书咨询联系方式：（010）88254550，zhengxy@phei.com.cn。

前 言

信息技术课程是中等职业学校各专业学生必修的公共基础课程。本教材依据《中等职业学校信息技术课程标准》和《中等职业学校公共基础课程方案》编写。

本教材立足当前中等职业学校信息技术教学的实际需求，紧密结合中等职业教育的特点，重点突出技能训练和实际操作能力的培养，符合中等职业学校信息能力培养的职业需求。本教材突出职业教育特色，以质量为先，体现课程思政，强化基础作用，以提升学生的信息技术基础知识与技能、增强学生的信息意识与信息素养、培养学生的计算思维和数字化学习能力与创新能力、树立学生正确的信息社会价值观为指导思想。

本教材的编写力求突出以下特色。

1．丰富的数字化教学资源

本教材提供配套的数字化教学资源，有此需要的师生可以登录华信教育资源网免费下载。

2．创新能力培养模式

本教材对标新课标对学生信息能力的培养要求，通过综合应用信息技术解决生产、生活和学习情景中的各种问题，培养学生在数字化学习与创新过程中独立思考和主动探究的能力，强化认知、合作、创新能力，培养学生的创新创业意识，提升职业能力。

3．将课程思政融入教学场景

本教材抓牢课程思政建设的主线，充分融入信息技术发展应用中蕴含的具有时代意义的人文精神和科学的价值理念，贯穿社会责任感，弘扬工匠精神。本教材精心设计了信息社会责任、道德规范、信息技术创新、信息安全意识等教学案例，弘扬主旋律，传播正能量，规范学生在信息社会中的行为。

4．职业教育特色创新

本教材的基础模块突出信息技术通识教育，拓展模块侧重不同专业的职场需求，顺应中职学生学情的变化，方便教师选择教学内容和学生自主学习。本教材使用案例模式、任务驱动模式，创新教材形态，贴近生活，反映新职业场景，注重中高职教材内容的衔接，体现“做中学、做中教”的职业教育特色，引导学生将信息技术课程与其他课程所学的知识、技能融合运用。

本套教材由赵立强、曹丽君担任主编。赵立强负责本教材的总体规划，提出教材编写的指导思想和理念，确定教材的总体框架，并对教材的内容进行审阅和指导。曹丽君负责统稿，以及审核与修订编写体例和案例。

《信息技术综合实训（上册）》和《信息技术综合实训（下册）》共有 8 章内容。第 1 章介绍信息技术应用基础，第 5 章介绍程序设计入门，由曹丽君编写；第 2 章介绍网络应用，第 7 章介绍信息安全基础，由王宇宾编写；第 3 章介绍图文编辑，由辛向利编写；第 4 章介绍数据处理，由安丽红编写；第 6 章介绍数字媒体技术应用，由韩佳编写；第 8 章介绍人工智能初步，由李欣编写。全书由王宇宾、安丽红、辛向利、韩佳进行课程思政元素设计；由刘西印、李欣对教学素材进行整理、审核。

本教材力求成为一本兼具基础性、新颖性和前瞻性的教材。在编写过程中，编者做了许多努力，但由于水平有限，书中难免存在一些疏漏之处，殷切希望广大读者不吝指正。

编　者

2022 年 6 月

目　录

第 1 章 信息技术应用基础

任务 1 认识信息技术与信息社会

实训知识点

1．了解信息技术的基本概念。

2．了解信息技术的应用。

3．了解信息素养。

4．了解信息技术对人类社会的影响及信息技术的发展趋势。

实训　信息技术与信息素养

一、选择题

1．（　　）是人的整体素质的一部分，是未来信息社会生活必备的基本能力之一。具体来说，它主要包括信息意识、信息知识、信息能力、信息道德四个方面。

A．信息素养　　B．信息

C．信息技术　　D．信息产业

2.（　　）信息技术革命以 1946 年电子计算机的问世为标志，是电子计算机的普及应用，及计算机与现代通信技术的有机结合，使人类进入现代信息技术时代。

A．第二次　　B．第三次

C．第四次　　D．第五次

3.（　　）是研究使计算机模拟人的某些思维过程和智能行为（如学习、推理、思考、规划等）的学科，主要包括计算机实现智能的原理、制造类似于人脑的计算机，使计算机实现更高层次的应用。

A．大数据　　B．能源技术

C．人工智能　　D．纳米科学

4.（　　）是融合应用了多媒体、传感器、新型显示、互联网和人工智能等多种前沿技术的综合性技术。

A．量子信息　　B．虚拟现实

C．5G　　D．云计算

二、填空题

1．________指音讯、消息、通信系统传输和处理的对象，泛指人类社会传播的一切内容。

2．________是管理和处理信息采用的各种技术的总称。它主要应用计算机科学和通信技术来设计、开发、安装和实施信息系统及应用软件。

3．信息素养（Information Literacy）的本质是__________________。

任务 2 认识信息系统

实训知识点

1．了解信息存储的基础知识。

2．了解数制及不同数制间的转换。

3．了解信息编码和信息存储。

实训　信息系统、进制转换与信息编码

一、选择题

1．二进制数（1101.011）$_2$ 转换为十进制数是（　　）。

A．（13.875）$_{10}$　　B．（8.375）$_{10}$

C．$(8.575)_{10}$　　D．$(13.375)_{10}$

2．十六进制数$(2AB.11)_{16}$转换为十进制数是（　　）。

A．$(651.0703)_{10}$　　B．$(683.0664)_{10}$

C．$(651.0664)_{10}$　　D．$(683.0703)_{10}$

3．十进制数$(25.375)_{10}$转换为二进制数是（　　）。

A．$(11001.110)_2$　　B．$(10011.011)_2$

C．$(11001.011)_2$　　D．$(10011.110)_2$

4．二进制数$(11110111000.11111010001)_2$转换为十六进制数是（　　）。

A．$(7A8.EA1)_{16}$　　B．$(7B8.EA1)_{16}$

C．$(7A8.FA2)_{16}$　　D．$(7B8.FA2)_{16}$

5．1865 的 BCD 码为（　　）。

A．$(0001\ 1001\ 0110\ 0101)_{BCD}$

B．$(0001\ 1000\ 0111\ 0101)_{BCD}$

C．$(0001\ 1000\ 0110\ 0101)_{BCD}$

D．$(0101\ 0110\ 1000\ 0001)_{BCD}$

6．用于储存汉字的编码是（　　）。

A．输入码　　B．机内码

C．输出码　　D．BCD 码

二、填空题

1．信息系统主要有 5 个基本功能，即对信息的输入、存储、处理、输出和 ________。

2．信息系统经历了简单的________________、__________________、________________3 个发展阶段。

3．数制是一种科学的计数方法，是指进位计数制。进位计数制是用进位的方法进行计数的数制，主要有__________、 ________和 __________3 个要素。

4．1GB=_______MB= ______B。

5．西文字符集由____________、____________、_____________和一些特殊符号组成。

6．汉字在计算机上的编码主要有 3 种，即___________、___________和____________。

任务 3 选择和连接信息技术设备

实训知识点

1．掌握信息技术设备的操作及设置。

2．了解常见的信息技术设备。

实训 1　使用移动端智能设备连接无线网络

一、实训要求

（1）移动端智能设备 1 部，鸿蒙系统、安卓系统、iOS 系统等均可。

（2）可连接的无线网络。

二、操作步骤

步骤 1：在移动设备的桌面找到“设置”图标，如图 1-3-1 所示。

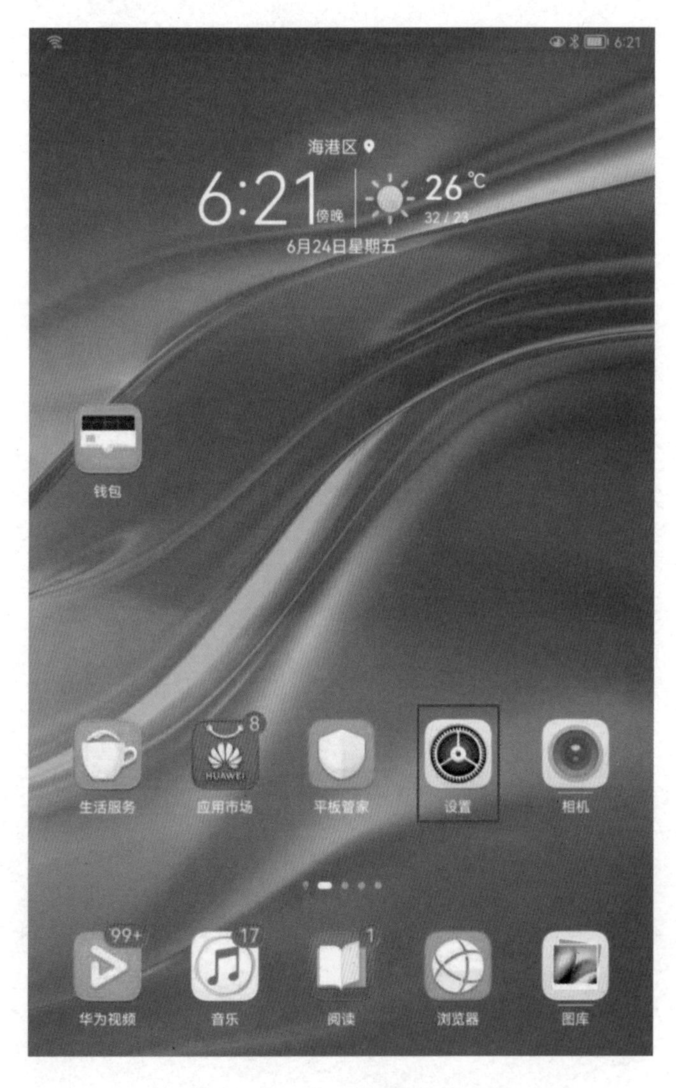

图 1-3-1 “设置”图标

步骤 2：点击“设置”图标，在右侧选择“无线和网络”选项，然后点击“WLAN”选项右侧的按钮，如图 1-3-2 所示。

图 1-3-2 “WLAN”选项右侧的按钮

步骤 3：开启 WLAN 后，移动设备会自动寻找无线网络。选择可连接的无线网络的名称并点击进入。公共场所的无线网络大多数没有密码，进入就可以使用。如果选择有密码的无线网络，就要在进入后输入无线网络的密码，如图 1-3-3 所示。

步骤 4：输入完毕，移动设备成功连接该无线网络，如图 1-3-4 所示。移动设备左上角或右上角的 Wi-Fi 图标显示信号强度。

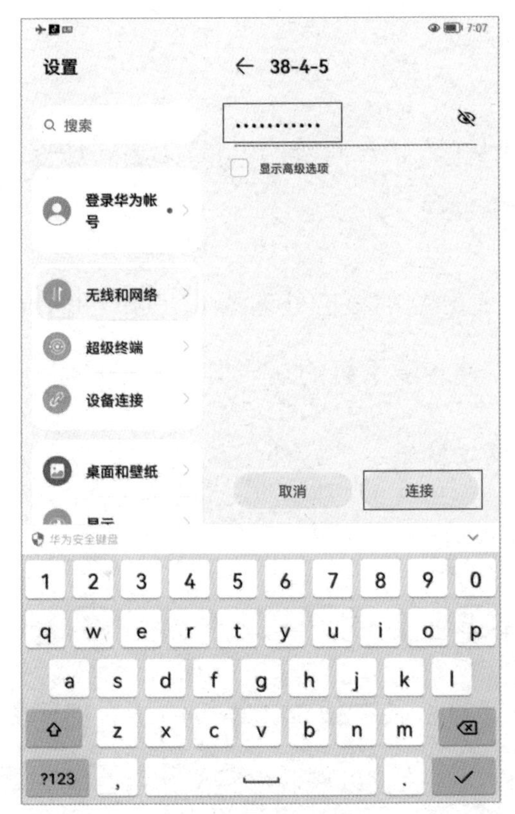

图 1-3-3　输入无线网络的密码

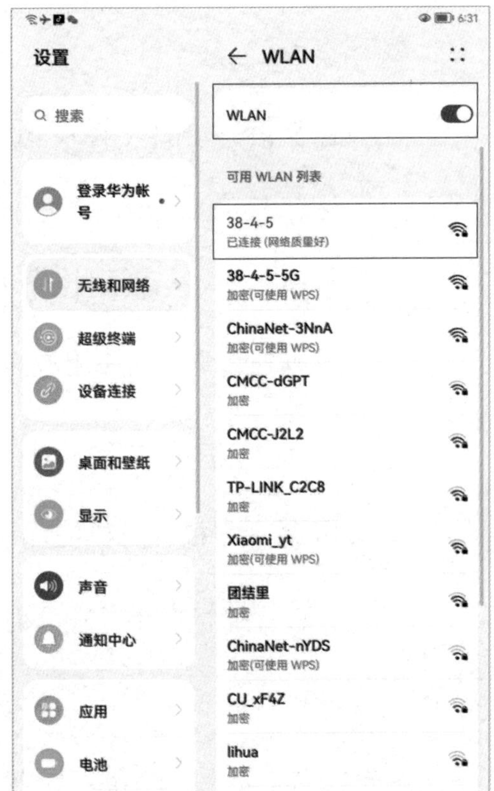

图 1-3-4　移动设备成功连接无线网络

实训 2　信息技术设备

一、选择题

1．下列不属于智能手机特点的是（　　）。

A．具有使用无线网络连接互联网的能力，即支持 GSM 网络下的 GPRS，或 CDMA 网络的 CDMA 1X，或 3G 网络、4G 网络，甚

至5G网络

B．具有PDA功能，包括PIM（个人信息管理）、日程记事、任务安排、多媒体应用，浏览网页

C．具有开放性的操作系统，拥有独立的核心处理器（CPU）和内存，可以安装更多的应用程序，使智能手机的功能得到无限扩展

D．功能强大但扩展性能弱，不支持第三方软件

2．下列不属于平板计算机的优点的是（　　）。

A．平板计算机在手写输入时，其输入速度比传统的计算机慢得多

B．从硬件配置上来说，平板计算机具有传统计算机的所有的硬件设备，而且具有独特的操作系统，可以兼容多种应用程序，具有计算机完整的功能

C．平板计算机是一种小型化的计算机

D．在外观上，平板计算机像一款大屏幕的手机，但更像一个液晶显示屏

3．在摄像头的技术指标中，（　　）是指摄像头解析图像的能力，即摄像头的影像传感器的像素数。

A．USB接口　　B．A/D（模数转换）

C．分辨率　　D．视频捕捉卡

二、填空题

1．______________是一种接收外部数据源数据，并对接收的数据进行处理和提供数据输出的设备。

2．_______________是一种将触摸屏作为基本输入设备的小型化、便于携带的个人计算机。

3．_________________是应用穿戴式技术对日常穿戴进行智能化设计、开发的可以穿戴的设备的总称。

4．_____________是一种捕获影像的装置，作为一种光机电一体化的计算机外设产品，它可以将影像转换为计算机可以显示、编辑、存储和输出的数字格式，是一种功能很强的输入设备。

任务 4 使用操作系统

实训知识点

1. 掌握添加桌面图标的方法。

2. 掌握设置桌面背景的方法。

3. 掌握设置屏幕保护的方法。

4. 掌握设置屏幕分辨率的方法。

5. 掌握在桌面上创建 Excel 快捷方式的方法。

6. 掌握将 Excel 固定到“开始”屏幕和任务栏的方法。

7. 掌握使任务栏在屏幕其他位置显示的方法。

8. 掌握使用 Cortana 搜索并启动计算器的方法。

9. 掌握使用 Windows 附件中的截图工具进行截图并保存的方法。

实训 1　Windows 10 基本操作

一、实训要求

（1）在桌面添加网络和控制面板图标。

（2）设置桌面背景。

（3）设置屏幕保护。

（4）设置屏幕分辨率。

（5）在桌面上创建 Excel 的快捷方式。

（6）将 Excel 固定到“开始”屏幕和任务栏。

（7）使任务栏在屏幕其他位置显示。

（8）使用 Cortana 搜索并启动计算器。

（9）使用 Windows 附件中的截图工具进行截图并保存。

二、操作步骤

1. 在桌面添加网络和控制面板图标

步骤 1：在桌面的空白处右击，在弹出的快捷菜单中选择“个性化”命令，如图 1-4-1 所示。在打开的“设置”窗口左侧的列表中选择“主题”选项卡，如图 1-4-2 所示，在右侧单击“桌面图标设置”链接。

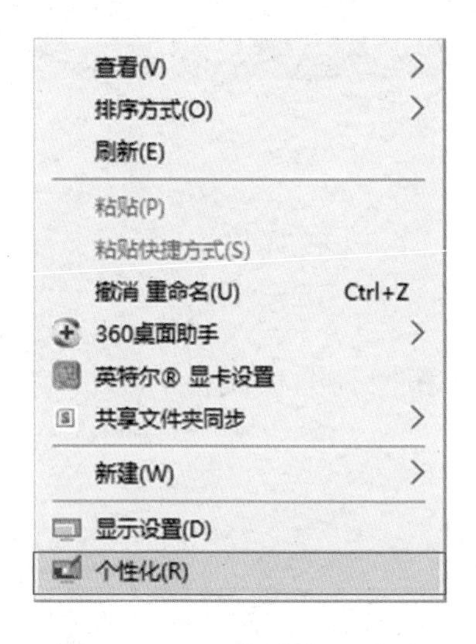

图 1-4-1 “个性化”命令

图 1-4-2 “主题”选项卡

步骤 2：在打开的“桌面图标设置”对话框中，勾选“控制面板”和“网络”复选框，如图 1-4-3 所示，单击“确定”按钮，则桌面上出现“控制面板”和“网络”图标。

图 1-4-3　勾选“控制面板”和“网络”复选框

2. 设置桌面背景

步骤 1：在桌面的空白处右击，在弹出的快捷菜单中选择“个性化”命令，在打开的“设置”窗口左侧选择“背景”选项卡，如图 1-4-4 所示，在右侧“选择图片”选区中单击任意一张图片，即可将该图片设置为桌面背景。

步骤 2：单击“浏览”按钮，可以选择外部图片并将其设置为桌面背景。

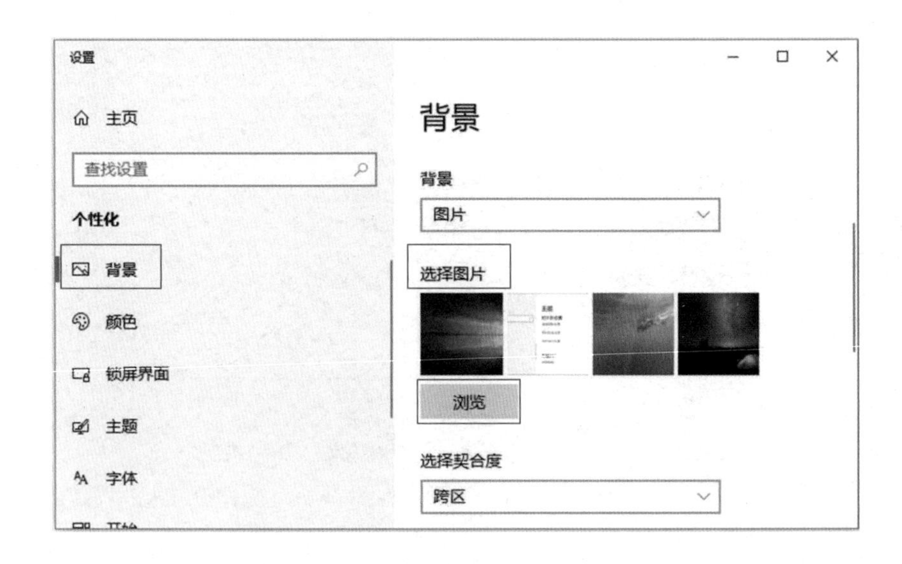

图 1-4-4 “背景”选项卡

3. 设置屏幕保护

步骤 1：在桌面的空白处右击，在弹出的快捷菜单中选择“个性化”命令，在打开的“设置”窗口左侧选择“锁屏界面”选项卡，如图 1-4-5 所示，在右侧单击“屏幕保护程序设置”链接。

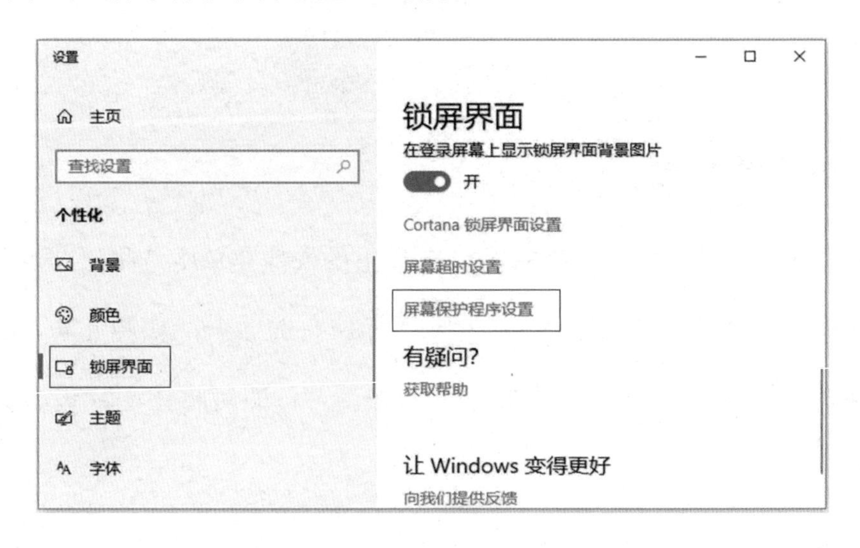

图 1-4-5 “锁屏界面”选项卡

步骤 2：弹出“屏幕保护程序设置”对话框，在“屏幕保护程序”选区的下拉列表中选择“彩带”选项，并将“等待”参数设置为 5 分钟，如图 1-4-6 所示。

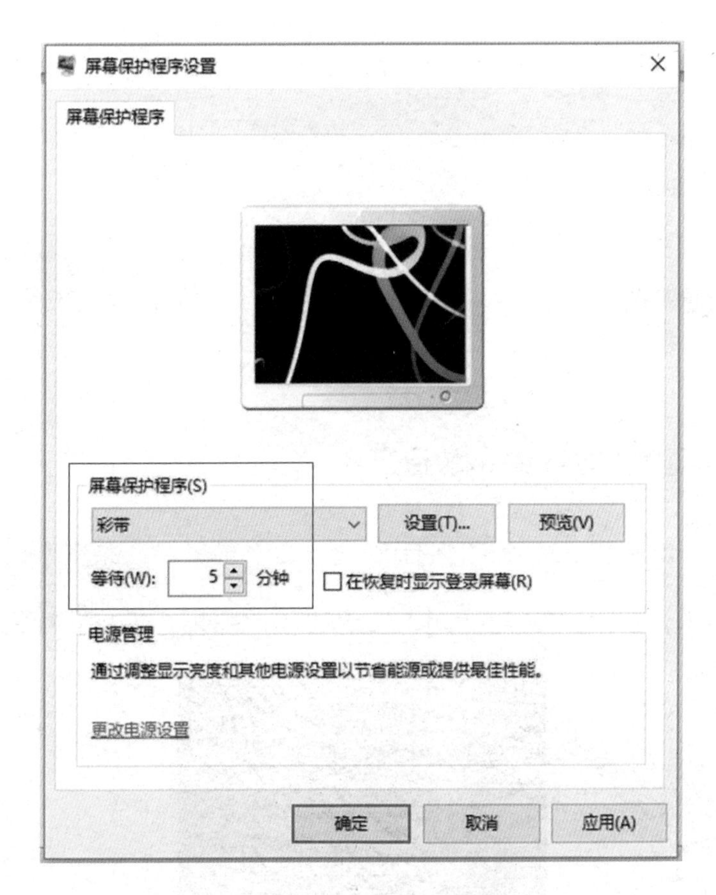

图 1-4-6　设置屏幕保护程序

4. 设置屏幕分辨率

在桌面的空白处右击，在弹出的快捷菜单中选择“显示设置”命令，在打开的“设置”窗口左侧选择“显示”选项卡，如图 1-4-7 所示，在右侧的“分辨率”下拉列表中选择“1366×768（推荐）”选项。

图 1-4-7　“显示”选项卡

5. 在桌面上创建 Excel 的快捷方式

步骤 1：单击 Windows 图标打开“开始”菜单，在菜单中的“Microsoft Office”文件夹下找到“Microsoft Excel 2010”图标，如图 1-4-8 所示。

图 1-4-8　“Microsoft Excel 2010”图标

步骤2：使用鼠标左键按住“Microsoft Excel 2010”图标并将其拖动到桌面，返回桌面后可以看到已经添加的“Microsoft Excel 2010”快捷方式，如图1-4-9所示。

图1-4-9　“Microsoft Excel 2010”快捷方式

6. 将Excel固定到“开始”屏幕和任务栏

步骤1：单击Windows图标打开“开始”菜单，在菜单中的“Microsoft Office”文件夹下找到“Microsoft Excel 2010”图标。

步骤2：在“Microsoft Excel 2010”图标上右击，在弹出的菜单中选择“固定到‘开始’屏幕”命令，如图1-4-10所示，则在“开始”屏幕中出现“Microsoft Excel 2010”图标。

图1-4-10　选择“固定到‘开始’屏幕”命令

步骤 3：选择“更多”→“固定到任务栏”命令，则在任务栏上出现“Microsoft Excel 2010”图标。

7. 使任务栏在屏幕其他位置显示

在任务栏上右击，在弹出的快捷菜单中选择“任务栏设置”命令，打开“设置”窗口，在窗口右侧找到“任务栏在屏幕上的位置”选项，在下拉列表中可以选择“靠左”“顶部”“靠右”“底部”选项，即可使任务栏在对应的位置显示，如图 1-4-11 所示。

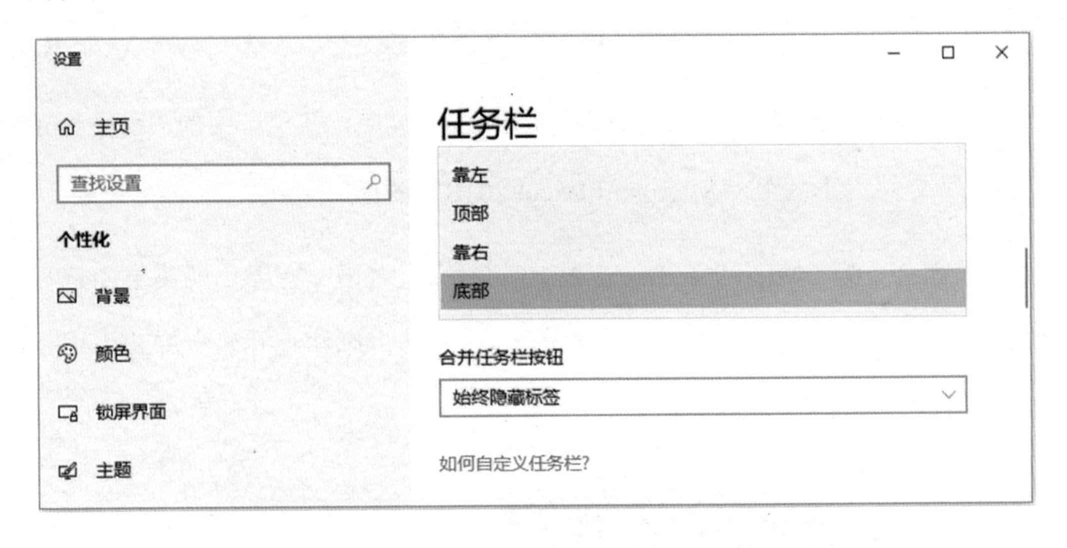

图 1-4-11 设置任务栏在屏幕上的位置

8. 使用 Cortana 搜索并启动计算器

在任务栏左侧的 Cortana 搜索框中输入“计算器”会搜索到“计算器”应用，单击即可启动计算器。

9. 使用 Windows 附件中的截图工具进行截图并保存

步骤 1：在“开始”菜单中找到“Windows 附件”文件夹，在其中单击“截图工具”图标，打开截图工具，如图 1-4-12 所示。

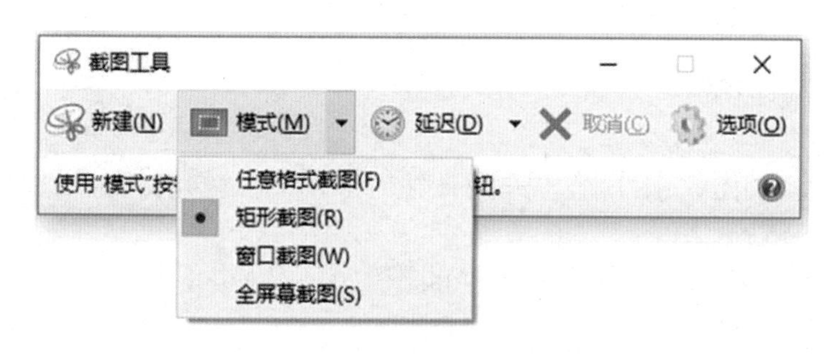

图 1-4-12　截图工具

步骤 2：选择 4 种截图模式中的一种进行截图，截图后选择“文件”菜单中的“另存为”命令，保存截图结果，保存类型可以选择 JPG、GIF、PNG 等格式。

实训 2　操作系统基本知识

一、选择题

1．操作系统是管理计算机硬件与软件资源的计算机程序。下列不属于操作系统的是（　　）。

A．UNIX　　B．Linux

C．Windows　　D．Office

2．下列不属于 Windows 窗口的组成部分的是（　　）。

A．菜单栏

B．工具栏

C．鼠标左键

D．最大化、最小化和关闭按钮

3．下列（　　）项属于任务栏的设置。

A．添加语言　　B．词库和自学习

C．微软拼音　　D．锁定任务栏

二、填空题

1．操作系统大致包括 5 个方面的管理功能：__________、__________、__________、__________、__________。

2．窗口可以分为应用__________、__________、__________3 类。

3．Windows 10 系统提供了____________________功能，利用此功能可以预览当前计算机所有正在运行的任务程序，同时还可以将不同的任务程序“分配”到不同的“虚拟”桌面中，从而实现多个桌面下的多任务并行处理操作。

任务 5 管理信息资源

实训知识点

1．掌握文件与文件夹的操作。

2．掌握信息检索与压缩。

3．掌握信息加密与备份。

实训 1　Windows 10 文件管理操作

一、实训要求

（1）掌握文件和文件夹的基本操作。

（2）掌握文件和文件夹的属性设置。

二、操作步骤

1. 依据文件夹结构创建文件夹

在 D 盘根目录下创建如图 1-5-1 所示的文件夹结构。

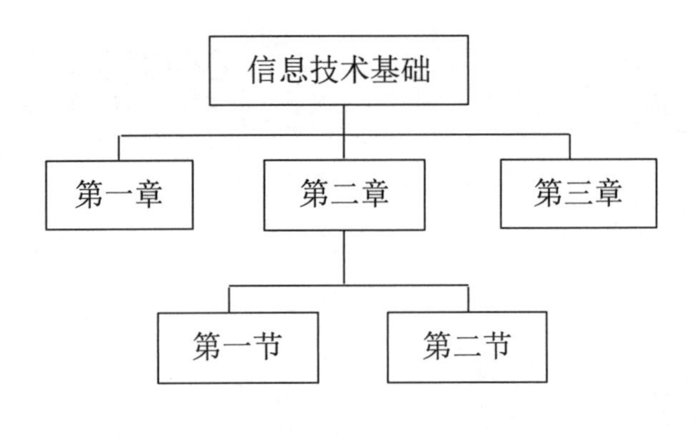

图 1-5-1　文件夹结构

步骤 1：双击桌面上的“此电脑”图标，在打开的“此电脑”窗口中双击 D 盘。

步骤 2：在 D 盘空白处右击，在弹出的快捷菜单中选择“新建”→“文件夹”命令，输入“信息技术基础”，输入完毕后，按 Enter 键确定。

步骤 3：双击打开“信息技术基础”文件夹，用相同的方法分别创建“第一章”、“第二章”和“第三章”三个文件夹。

步骤 4：双击打开“第二章”文件夹，用相同的方法分别创建“第一节”“第二节”两个文件夹。

2. 创建文本文件

打开“信息技术基础”文件夹，在空白处右击，在弹出的快捷菜单中选择“新建”→“文本文档”命令，输入“信息技术”，按 Enter 键确定。

3. 复制文件

将文件“信息技术.txt”复制到文件夹“第一章”中。

方法 1：使用“主页”选项卡操作。选中文件“信息技术.txt”，在“主页”选项卡下，单击“复制到”按钮，在下拉列表中选择“选择位置”选项，在弹出的“复制项目”对话框中选择“第一章”文件夹，如图 1-5-2 所示。

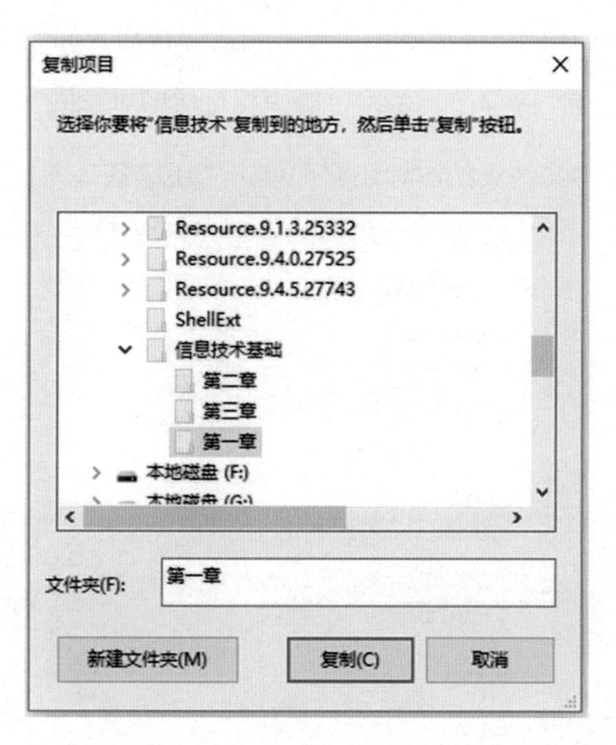

图 1-5-2　选择“第一章”文件夹

方法 2：使用快捷菜单操作。选中文件“信息技术.txt”并右击，在弹出的快捷菜单中选择“复制”命令，然后打开“第一章”文件夹，在该文件夹的空白处右击，在弹出的快捷菜单中选择“粘贴”命令。

方法 3：使用快捷键操作。选中文件“信息技术.txt”，按组合键 Ctrl+C 复制文件，然后打开“第一章”文件夹，按组合键 Ctrl+V 粘贴文件。

4. 更改文件图标

选择“第三章”文件夹并右击，在弹出的快捷菜单中选择“属性”命令，弹出“第三章 属性”对话框，如图 1-5-3 所示，选择“自定义”选项卡，单击“更改图标”按钮，在弹出的“为文件夹 第三章 更改图标”对话框中选择合适的图标，如图 1-5-4 所示，单击“确定”按钮。回到“第三章 属性”对话框的“自定义”选项卡，单击“确定”按钮即可修改“第三章”文件夹的图标。如果要将文件夹的图标还原，单击“还原默认图标”按钮即可。

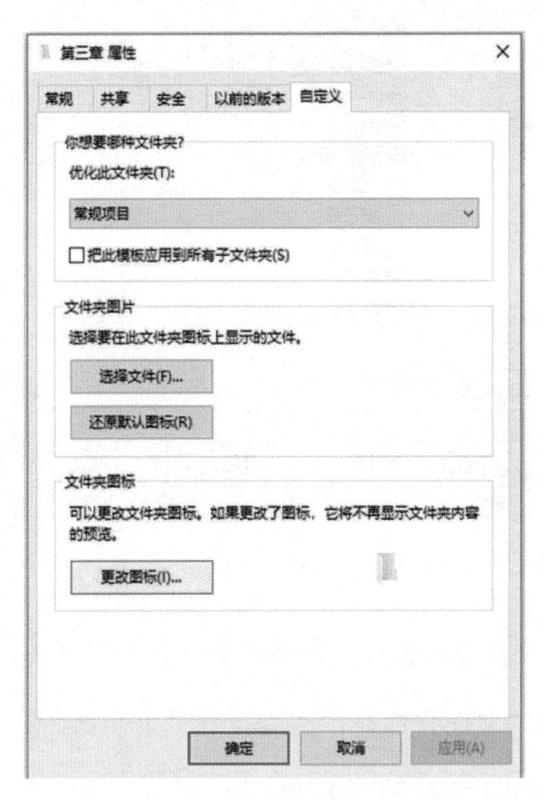

图 1-5-3 “第三章 属性”对话框

图 1-5-4　选择合适的图标

实训 2　信息资源及压缩与加密

一、选择题

1．后缀为.wav 格式的文件属于（　　）。

A．文档文件　　　　B．压缩文件

C．图形文件　　　　D．声音文件

2．（　　）文件或文件夹是在目标位置为该文件或文件夹创建一个副本，原文件或文件夹在原位置仍然存在。

A．创建　　　　　　　　　　B．选取

C．复制　　　　　　　　　　D．移动

3．Windows 的文件资源管理器自带的搜索功能能够在当前文件夹中（　　）文件或文件夹。

A．复制　　　　　　　　　　B．快速查找

C．删除　　　　　　　　　　D．重命名

二、填空题

1．文件夹是用来____________和____________磁盘文件的一种数据结构。

2．__________是 Windows 系统提供的资源管理工具，使用它可以查看本台计算机的所有资源，对文件进行各种操作，如打开、复制、移动等。

3．__________是安装 Windows 后桌面上就有的图标，也是桌面上唯一不能删除的图标。

4．压缩技术可以分为___________和___________两大类，两种技术的本质内容是相同的，都是通过某种特殊的编码方式有效地降低数据信息的重复度、冗余度，从而达到数据压缩的目的。

5．____________是一种根据要求在操作系统层自动地对写入存储介质的数据进行加密的技术，包括 Windows 自带的文件加密功能等。

任务 6 维护系统

实训知识点

1．掌握系统安全设置。

2．掌握用户管理及权限设置。

实训 1　系统安全及设置

一、实训要求

（1）了解打开 Windows 安全中心的步骤。

（2）了解 Windows 安全中心的内置功能。

二、操作步骤

Windows 10 的 Windows 安全中心可以提供最新的防病毒保护。从启动 Windows 10 的那一刻开始，计算机设备就受到保护。Windows 安全中心会持续扫描恶意软件、病毒和安全威胁。除实时保护外，Windows 安全中心还会自动下载更新，以保护设备的安全，使其免受威胁。

Windows 安全中心是 Windows 10 的内置功能（在以前的 Windows 版本中，Windows 安全中心称为 Windows Defender 安全中心），包括一个名为 Microsoft Defender Antivirus 的防病毒程序。

Windows 安全中心保护设备和数据，打开 Windows 安全中心的操作步骤是选择“开始”→“设置”→“更新和安全”→“Windows 安全”选项卡，“Windows 安全”选项卡如图 1-6-1 所示，主要包含以下功能。

1. 病毒和威胁防护

监控设备威胁、运行扫描并获取更新来帮助检测最新的威胁。

2. 账户保护

访问登录选项和账户设置，包括 Windows Hello 和动态锁。

3. 防火墙和网络保护

管理防火墙设置，并监控网络和 Internet 连接的情况。

图 1-6-1　“Windows 安全”选项卡①

4. 应用和浏览器控制

更新 Microsoft Defender SmartScreen 设置来帮助设备抵御具有潜在危害的应用、文件、站点和下载内容。用户将具有 Exploit Protection，并且可以自定义设备的保护设置。

5. 设备安全性

查看有助于保护设备免受恶意软件攻击的内置安全选项。

6. 设备性能和运行状况

查看设备性能和运行状况的信息，维持设备干净并更新至最新版本的 Windows 10。

① 图 1-6-1 中，“帐户”的正确写法为“账户”。

7. 家庭选项

跟踪孩子的在线活动和设备。

实训 2　用户管理及权限设置

一、实训要求

（1）掌握打开“用户账户”窗口的步骤。

（2）掌握用户管理及权限设置的方法。

二、操作步骤

Windows 中的权限指的是不同账户对文件、文件夹、注册表等的访问能力。为不同的账户设置权限很重要，可以防止重要文件被其他人修改，避免系统崩溃。

进行用户管理及权限设置需要打开“控制面板”窗口，选择“用户账户”选项，打开“用户账户”窗口，选择“用户账户”选项，打开“更改账户信息”页面，如图 1-6-2 所示。在该页面中，可通过更改账户名称、更改账户类型、管理其他账户、更改用户账户控制设置等选项进行用户管理及权限设置。

图 1-6-2　“更改账户信息”页面

实训 3　维护系统基本知识

一、选择题

1．Windows 安全中心是 Windows 10 的内置功能，以下不是 Windows 安全中心的功能的是（　　）。

A．病毒和威胁防护　　B．账户保护

C．文件压缩　　D．防火墙和网络保护

2．Windows 用户管理及权限设置不包含（　　）。

A．更改我的账户信息

B．更改账户名称

C．更改账户类型

D．设备性能和运行状况

二、填空题

1．______________是指为防止系统出现操作失误或系统故障导致文件丢失，而将全部或部分文件集合从应用主机的硬盘或阵列复制到其他存储介质的过程。

2．搜索关键字中的文件或文件夹名称可以用“*”或“?”代替。“*”表示________________，“?”表示________________。

3．Windows 安全中心保护区域中的________________功能能够监控设备威胁、运行扫描并获取更新来帮助检测最新的威胁。

4．Windows 更改账户信息窗口中，用户可以通过________________、________________、________________、________________等选项进行用户管理及权限设置。

第 2 章 网络应用

任务 1 认识网络

实训知识点

1．了解网络技术。

2．了解网络体系结构及 TCP/IP 相关知识。

3．了解互联网的工作原理。

实训　计算机网络基础

一、选择题

1．TCP/IP 体系结构中的 TCP 协议提供的服务是（　　）。

A．链路层服务　　　　B．网络层服务

C．传输层服务　　D．应用层服务

2．管理计算机通信的规则称为（　　）。

A．协议　　B．介质

C．服务　　D．网络操作系统

3．Internet 的历史最早可追溯到 20 世纪 60 年代，那时候它的名字是（　　）。

A．NSFNET　　B．ARPANET

C．Internet　　D．USENET

4．下列 4 项内容中，不属于 Internet 基本功能的是（　　）。

A．电子邮件　　B．文件传输

C．远程登录　　D．实时监测控制

5．和通信网络相比，计算机网络最本质的功能是（　　）。

A．数据通信　　B．资源共享

C．提高计算机的可靠性和可用性　　D．分布式处理

6．星形、总线型、环形和网状网络是按照（　　）分类的。

A．网络功能　　B．管理性质

C．网络跨度　　D．网络拓扑

7．C/S 的全称是（　　）。

A．主机-终端机　　　　B．专用服务器

C．客户机/服务器　　　　D．浏览器/服务器

二、填空题

1．计算机网络是计算机技术和_________相结合的产物。

2．从逻辑功能的角度，计算机网络由通信子网和_________组成。

3．数据可以分为两类：模拟数据和_________。

4．网络中的计算机之间、网络设备之间、计算机与网络设备之间必须遵循相同的_________才能实现连接。

5．按照网络的作用范围，可以将网络分为局域网、_______和_______。

任务 2　配置网络

实训知识点

1．认识网络设备。

2．学习连接网络的方法。

3．学习网络设置与排除网络故障的方法。

实训 1　网络设备

一、选择题

1．下列有关集线器的说法中，不正确的是（　　）。

A．集线器只能提供信号的放大功能，不能中转信号

B．集线器可以堆叠级联使用，线路总长度不能超过以太网最大网段长度

C．集线器只包含物理层协议

D．在使用集线器的计算机网络中，当一方在发送时，其他机器不能发送

2．中继器和集线器在 OSI 模型的（　　）工作。

A．网络层　　B．物理层

C．应用层　　D．会话层

3．交换机和网桥属于 OSI 模型的（　　）。

A．数据链路层　　B．传输层

C．网络层　　D．会话层

4．网络接口卡的基本功能包括数据转换、通信服务和（　　）。

A．数据传输　　B．数据缓存

C．数据服务　　D．数据共享

5．在局域网中，MAC 指的是（　　）。

A．逻辑链路控制子层　　B．介质访问控制子层

C．物理层　　D．数据链路层

6．下列传输介质中，不受电磁干扰和噪声影响的是（　　）。

A．屏蔽双绞线　　　　B．非屏蔽双绞线

C．光纤　　　　D．同轴电缆

二、填空题

1．同轴电缆分为宽带同轴电缆和（　　）两种。

2．常用的有线传输介质有双绞线、同轴电缆和（　　）。

3．在星形网络中，站点与交换机之间以（　　）相连。

4．光纤可分为（　　）光纤和多模光纤。

5．在网络互联设备中，在链路层一般使用（　　），在网络层一般使用（　　）。

实训 2　网络设置与故障排除

选择题

1．使用（　　）命令可以显示有关统计信息和当前 TCP/IP 网络连接的情况，用户或网络管理人员可以得到非常详尽的统计结果。

A．ipconfig　　　　B．netstat

C．tracert　　　　D．ping

2.（　　）接口是有线局域网接口。

A．FDDI　　B．AUI 端口

C．蓝牙　　D．RJ-45

3.（　　）是计算机和网络介质间的接口。

A．路由器　　B．集线器

C．网卡　　D．双绞线

4．使用 ipconfig/all 命令的意义是（　　）

A．更新 IP 地址　　B．清除 IP 地址

C．查看所有 IP 地址配置情况　　D．配置 DNS 服务器

任务 3 获取网络资源

实训知识点

1．学习识别资源类型和获取资源的方法。

2．学习使用网络信息资源。

实训　使用搜索引擎查找网络资源

实训要求

（1）使用搜索引擎进行简单查找。

（2）使用搜索引擎进行高级查找。

操作步骤

1. 打开搜索引擎

打开浏览器，输入百度搜索引擎的网址，进入百度搜索的主页面。

2. 简单关键词搜索

在百度网站首页的文本框中输入关键词，单击“百度一下”按钮，即可完成一次搜索，例如搜索“春节”。

3. 多个关键词搜索

百度搜索引擎支持在搜索时同时输入多个关键词，不同的字词之间用一个空格隔开，使用多个关键词进行搜索可以获得更加精确的搜索结果。另外，为了方便用户，用户在输入关键词时不需要在关键词之间输入“+”或“AND”，如图 2-3-1 所示。

图 2-3-1　使用多个关键词搜索的结果

4. 设置搜索引擎

如果想对搜索引擎进行进一步设置，可以单击页面右上角的“设置”按钮，在下拉列表中选择“搜索设置”选项，弹出“搜索设置”窗口，如图 2-3-2 所示。

搜索设置　高级搜索
搜索框提示：是否希望在搜索时显示搜索框提示　○显示　◉不显示
搜索语言范围：设定您所要搜索的网页内容的语言　◉全部语言　○仅简体中文　○仅繁体中文
搜索结果显示条数：设定您希望搜索结果显示的条数　◉每页10条　○每页20条　○每页50条
实时预测功能：是否希望在您输入时实时展现搜索结果　◉开启　○关闭
搜索历史记录：是否希望在搜索时显示您的搜索历史　◉显示　○不显示
恢复默认　保存设置
请启用浏览器cookie确保设置生效，登录后操作可永久保存您的设置。

图 2-3-2　“搜索设置”窗口

5. 高级搜索

如果普通搜索不能满足用户的需求，可使用“高级搜索”功能来完成复杂的搜索，如图 2-3-3 所示。

例如，搜索“包含关键词 ps、在最近一年的所有 PDF 文档”，设置方法如图 2-3-4 所示。

图 2-3-3 “高级搜索”功能

图 2-3-4 高级搜索的设置方法示例

任务 4 网络交流与信息发布

实训知识点

1．学习网络通信与网络传送的方法。

2．学习网络远程操作的方法。

3．学习制作和发布网络信息。

实训　使用电子邮件进行网络通信

一、实训要求

（1）能正确注册、登录邮箱。

（2）掌握使用邮箱撰写、发送邮件，为邮件添加附件的操作方法。

（3）掌握邮箱抄送、密送、邮件分类的操作方法。

（4）掌握回复邮件、转发邮件的操作方法。

二、操作步骤

1. 登录网站

以126邮箱为例，使用浏览器登录126邮箱网站，进入126邮箱的首页。

2. 申请邮箱

单击“注册网易邮箱”链接，弹出注册界面，根据个人或企业需要，选择“免费邮箱”或“VIP邮箱”选项。在注册页面中，申请人可以根据需要设置个人邮箱的地址和密码，并填写手机号用于邮箱找回，最后单击“立即注册”按钮。

3. 撰写邮件

首先填写收件人的地址，或在右侧的联系人中选择收件人，然后填写邮件的主题和内容，全部完成后，单击“发送”按钮。

4. 添加附件

在发送电子邮件时，往往需要发送一些文件，发送文件可以通过邮箱的“添加附件”功能实现。单击页面中的“添加附件”链接，弹出“打开”对话框，选择需要发送的文件，如图2-4-1所示，单击“打开”按钮即可。

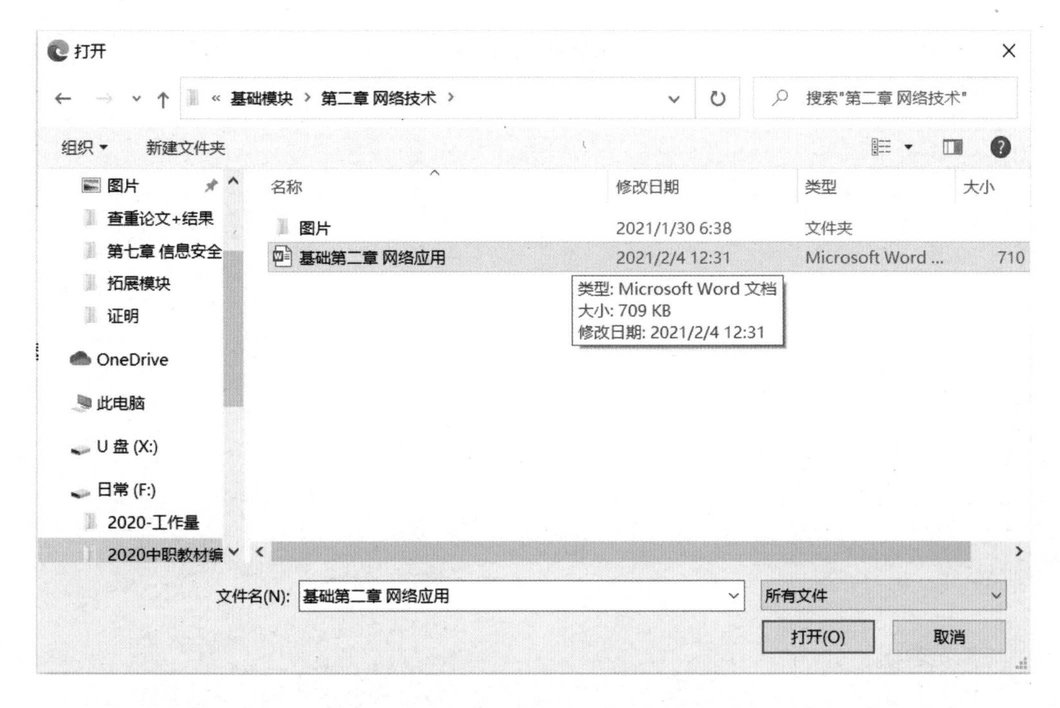

图 2-4-1　选择需要发送的文件

5. 群发邮件

在工作中，经常需要将相同的内容发送给很多人，可以在“收件人”文本框中同时填写多个收件人的邮箱地址，或从右侧的联系人中选择收件人。

6. 抄送邮件

在工作中，有时需要把文件抄录或复制的副本发送给有关部门或人员。在网络中，抄送就是将邮件同时发送给收件人以外的人，接收人一般不是该任务的负责人或主要成员，抄送者只是作为见证人和监督者。抄送邮件时，在“抄送人”文本框中输入抄送人的邮箱，如图 2-4-2 所示。

图 2-4-2　在“抄送人”文本框中输入抄送人的邮箱

7. 密送

密送和抄送的功能类似，不同的是，使用密送功能后，收件人的地址不会被其他人获得，各个收件人无法查看这封邮件还发送给了哪些人，操作方法与抄送类似。

8. 收信

登录邮箱后，单击“收信”按钮，“收件箱”后边括号中的数字即为未读邮件的数量，用户可以单击邮件的主题阅读邮件。

9. 回复邮件

收到邮件后，打开邮件，如果需要回复邮件，可以单击“回复”按钮，弹出回复邮件的页面，用户可以在此页面撰写回复的内容。

10. 转发邮件

有些邮件可能需要转发给其他人，这就需要使用转发邮件功能。单击“转发”按钮，打开转发邮件的页面。在转发邮件的页面上，需要填写收件人的地址，主题默认为在原邮件主题前加“Fw：”，如图 2-4-3 所示，也可以更改主题的内容。

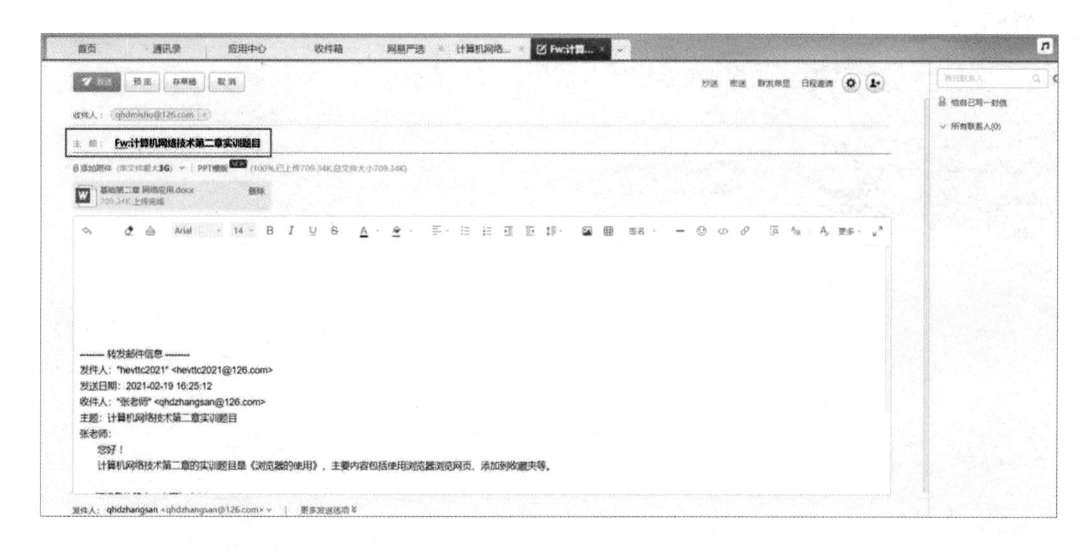

图 2-4-3　默认的邮件主题

11. 删除邮件

有些邮件已经阅读且无须保存，可以使用“删除”功能清理收件箱。已删除的邮件会从收件箱中消失，但可在“其他 2 个文件夹”→“已删除”页面中查看和找回。如果想彻底删除邮件，可以单击“彻底删除”按钮，删除完毕后，该邮件无法找回。

12. 邮件分类

在工作中，若同时跟进多个项目，则收到的邮件也来自多个项目，为避免多个项目相互干扰，可以对邮件进行分类。单击“其他 2 个文件夹”右侧的“+”按钮，如图 2-4-4 所示，弹出“新建文件夹”对话框，在对话框中输入文件夹的名称。创建文件夹后，选择需要归类的邮件，单击“移动到”按钮，然后选择刚才创建的文件夹，邮件分类结果如图 2-4-5 所示。

图 2-4-4　“+”按钮

图 2-4-5　邮件分类结果

任务5

运用网络工具

实训知识点

1．掌握信息资料的传送、同步与共享。

2．学会使用网络学习。

3．学会使用网络工具。

实训1　熟练使用浏览器

一、实训要求

（1）能正确安装并启动常用的浏览器软件。

（2）掌握使用浏览器软件浏览网页、保存网页和下载文件的方法。

（3）掌握浏览器高级配置的方法。

二、操作步骤

1. 安装并启动 Microsoft Edge 浏览器软件

Microsoft Edge 内置于 Windows 10 中。Microsoft Edge 现在可以在所有支持它的 Windows、macOS、iOS 和 Android 版本上使用。

2. 浏览网页

在地址栏中输入中国互联网络信息中心的网址，打开网站首页，开始浏览网页，这是用户使用浏览器软件访问网站常用的一种方式。

3. 使用超链接

选择感兴趣的内容，单击超链接跳转到某一特定的页面。例如，选择网页导航栏中“国际交流”模块下的“国际交流活动”子模块，进入“国际交流活动”页面。

4. 将网页添加到收藏夹中

如果用户需要再次浏览网页的内容，可以将该页面加入收藏夹。单击最右侧的“设置及其他”按钮，在下拉列表中选择“收藏夹”选项，或直接单击地址栏右侧“收藏夹”按钮，均可打开“收藏夹”对话框，如图 2-5-1 所示。

图 2-5-1　“收藏夹”对话框

单击对话框右上方的第一个按钮，将本页面保存到收藏夹中。

如果需要保存的页面很多，而且属于不同的分类，可以创建不同的文件夹，分类保存，如图 2-5-2 和图 2-5-3 所示。

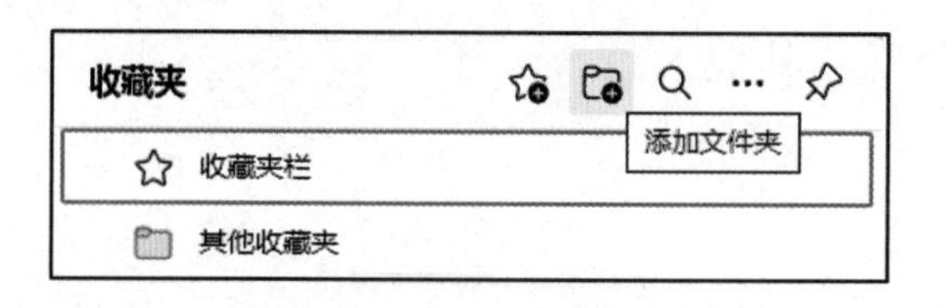

图 2-5-2　创建不同的文件夹

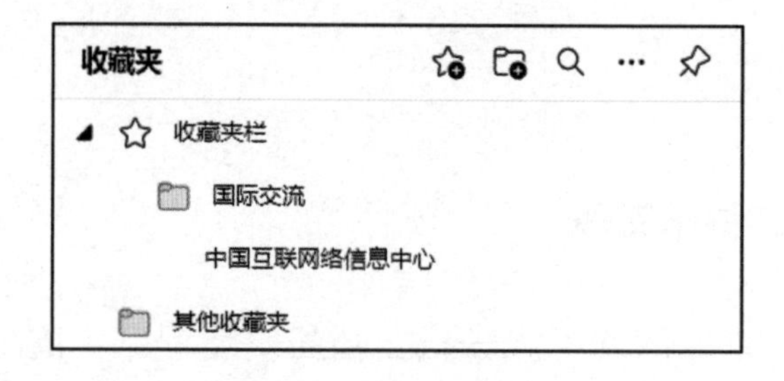

图 2-5-3　将网页分类保存

5. 下载文件

使用“将链接另存为”功能可以下载网页中的 PDF、DOC 等文件，方便用户离线阅览。在需要下载的文件链接上右击，在弹出的快捷菜单中选择“将链接另存为”命令，弹出“另存为”对话框，选择文件的保存位置，修改文件名，最后单击“保存”按钮。

实训 2　使用网络系统办公工具

一、实训要求

（1）下载并安装腾讯文档应用程序。

（2）建立在线协作表格文档。

（3）将文档分享给其他人。

（4）编辑在线协作文档。

（5）将在线协作文档导出保存。

二、操作步骤

1. 下载并安装腾讯文档

在腾讯公司的官方网站下载腾讯文档的安装程序，依次进入“首页”→“软件”→“腾讯专区”页面，找到腾讯文档并下载。

下载完成后，默认安装即可。也可以在软件管家等集成工具软件中下载。

2. 启动腾讯文档

安装完毕后，启动应用程序。可以直接使用 QQ 号码或微信账号登录，也可以重新注册账号。登录成功后进入程序的首页。

在首页左侧的窗格中，选择“我的文档”选项，进入“我的文档”页面，“我的文档”页面中包含了用户创建的所有在线协作文档；选择“与我共享”选项，进入“与我共享”页面，“与我共享”页面中包含了所有其他人创建并分享给自己协作完成的文档。首页右侧的窗格则显示了最近浏览过的文档和加了星标、标注为重要的文档。

3. 建立在线协作文档

首页右侧的上方有两个按钮用于建立在线文档，这些文档全部保存在云端，并且在用户编辑文档的过程中自动保存，不必担心文档的保存问题。

单击“新建”按钮可以创建一份新的在线文档，包含各种类型的 Office 文档，如 Word 文档、Excel 电子表格、PowerPoint 演示文稿等，并且应用程序提供了一些常用的模板来帮助用户快速建立新的在线文档。如果用户事先在本地编辑了一份文档，或使用上级单位下发的文档，必须保证文件的原格式，则可以单击“导入”按钮，将本地文档上传至云端，并作为在线文档共享给其他用户。此处单击“新建”按钮，并使用预设的模板来建立一份统计寒假返乡信息的在线文档。

单击“新建”按钮，在弹出的列表中包含了各种类型的文档，如“在线文档”“在线表格”“在线幻灯片”“文件夹”“在线收集表”“导入本地文件”

等选项。

要使用腾讯提供的预设模板，可以选择“模板库”选项。在打开的“模板”页面中可以选择各种类型的预设模板。在最上方的模板类型中选择“表格”选项，在具体的应用领域中选择“员工春节过节地点统计表”选项。选择后，就会在页面中显示预设的模板，其页面和编辑功能与 Excel 类似。

4. 分享在线协作文档

新创建的在线文档在默认情况下只能自己查看和编辑，其他人不具有查看和编辑的权限。让其他人协作完成文档，需要设置在线文档的查看和编辑权限。

单击“分享”按钮，弹出“分享”窗口，如图 2-5-4 所示。

图 2-5-4　“分享”窗口

分享文档时主要设置两方面的内容：“谁可以查看/编辑文档”和“分享

给”。在“分享”窗口中可以看到，“谁可以查看/编辑文档”选区中，除了默认的“仅我自己”，还有“仅我分享的好友”“所有人可查看”“所有人可编辑”3 个选项。其中，当分享给所有人查看或编辑时，可以使用链接或二维码两种形式，其他人只要获得在线文档的链接或二维码，就可以协作编辑在线文档。共享权限则包括查看和编辑两种，即所谓的读权限和写权限。分享目标具有查看权限时，可以打开文档并查看文档内容。分享目标具有编辑权限时，则可以编辑文档内容。

本例选择将文档分享给一位 QQ 好友进行编辑。因此，在“分享”窗口中单击“QQ 好友”按钮，在弹出的对话框左侧选择 QQ 好友，右侧将其访问权限设置为“可编辑”。

设置完毕后返回文档编辑页面，单击“分享”按钮左侧的“协作”按钮，可以查看文档的共享情况，如图 2-5-5 所示。

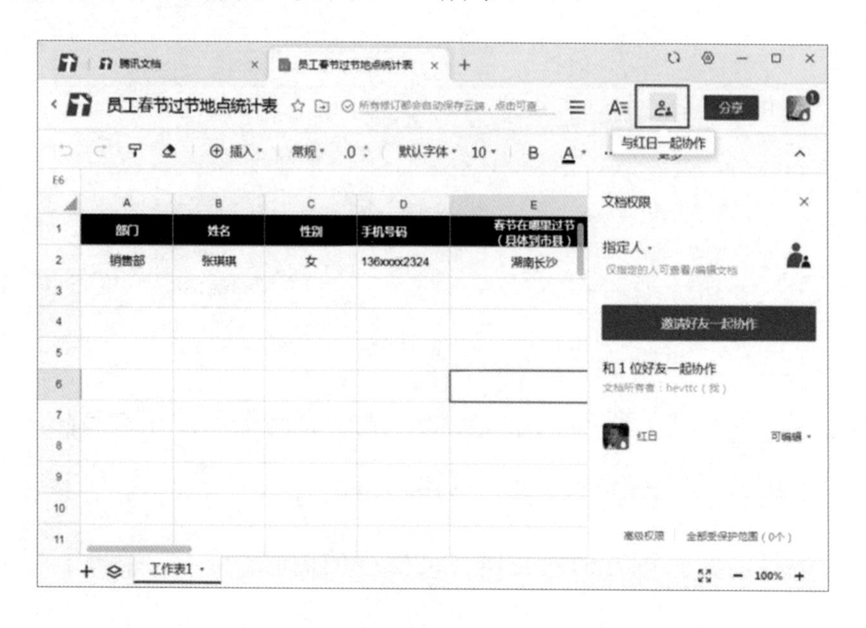

图 2-5-5　查看在线文档的协作情况

5. 编辑在线文档

创建文档并将可编辑权限共享给其他用户后，就可以在线编辑文档了。不具备访问权限的用户即使获得链接或二维码，也无法查看文档。

所有具备权限的用户可以查看或编辑文档。编辑文档是在线且同时进行的，所有用户可以同时在线编辑同一份文档，而不会互相冲突。所有的编辑内容自动保存在云端，并且在保存后实时呈现给所有用户，如图 2-5-6 所示。

图 2-5-6　在线协作编辑文档

图 2-5-6 中可以看到两个用户头像，表明有两个用户正在编辑该文档。当其中一个用户输入内容时，另一个用户可以看到“×××正在输入”的提示信息，也可以看到对方输入完毕自动保存的内容。

6. 使用文档工具

用户在线编辑文档时，可以对文档进行各种编辑操作。打开文档后，页面的右上角有如图 2-5-7 所示的文档工具条。

图 2-5-7　文档工具条

其中，第一个按钮是“文档操作”，第二个按钮是“编辑功能”。

单击“文档操作”按钮，在下拉列表中选择“修订记录”选项，可以查看编辑、保存文档的历史记录，如果文档内容在编辑过程中出现问题，可以选择一个版本，并单击右侧的“还原”按钮，将文档还原到该版本。由于多人同时在线编辑可能出现数据的同步问题，因此这个功能有时会有较大的作用。

文档页面的工具栏中包含了常用的编辑功能。单击“编辑功能”按钮可以使用在线文档其他的编辑功能，如“数据验证”“数据格式”“条件格式”“设置水印”等。

7. 导出文档

在线文档的内容在编辑完毕后，自动保存在云端，但在大多数情况下，用户需要本地文档以便保存备案、统计汇总或校验上报。将在线文档保存到本地磁盘可以单击“文档操作”按钮，在下拉列表中选择“导出为”选项，如图 2-5-8 所示，并根据需要选择保存的格式，然后选择本地磁盘路径。

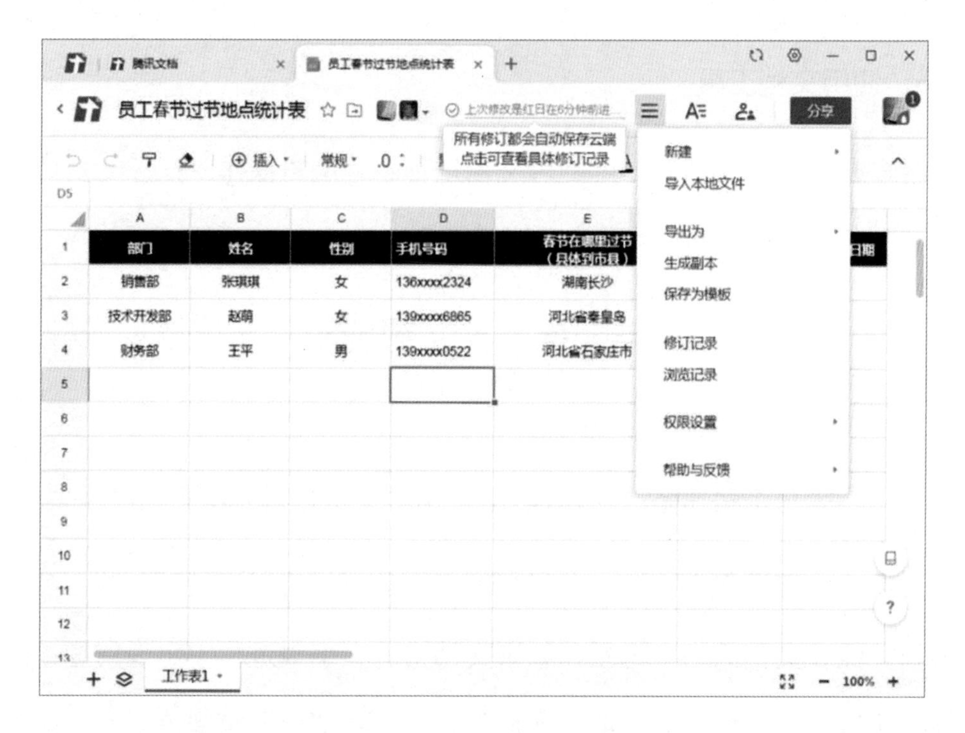

图 2-5-8　“导出为”选项

单击“文档操作”按钮，选择“生成副本”选项，可以生成当前文档的一个副本，这样，可以将副本共享给不同群组的用户。如果该文档使用较多，还可以选择“保存为模板”选项，便于以后使用。

任务 6

了解物联网

实训知识点

1. 认识物联网。

2. 了解常见的物联网设备与应用。

实训　物联网基础

选择题

1. 感知层是物联网体系结构的（　　）。

A. 第一层　　B. 第二层

C. 第三层　　D. 第四层

2．（　　）是现阶段物联网普遍的应用形式，是实现物联网的第一步。

A．M2M　　B．M2C

C．C2M　　D．P2P

3．我国第二代居民身份证采用的是（　　）技术。

A．ZigBee　　B．IoT

C．RFID　　D．Bluetooth

4．（　　）技术是一种新型的近距离、复杂度低、低功耗、低传输率、低成本的无线通信技术，是目前组建无线传感器网络的首选技术。

A．Wi-Fi　　B．Bluetooth

C．WLAN　　D．ZigBee

第 3 章
图文编辑

任务1 操作图文编辑软件

实训知识点

1．掌握 Word 的启动和退出操作。

2．掌握 Word 文档的创建、打开和保存操作。

3．掌握文本的选择、移动和复制操作。

4．掌握编辑文字的基本操作。

5．掌握特殊符号的输入。

6．掌握查找、替换操作。

实训 1　文档的创建与保存

一、实训要求

（1）启动 Word，新建一个空白的 Word 文档。

（2）输入文字“第二章 网民规模及结构状况”。

（3）将文档保存为“word0101.docx”，并退出 Word。

（4）打开“word0101.docx”，依次合并“文档 1 网民规模”“文档 2 网民属性”“文档 3 专题”3 个文档，将文件以原名保存。

（5）将文档加密，另存为“word0101-密.docx”。

（6）文档类型转换，将文档另存为 PDF 文件，文件名称为“word0101.pdf”。

二、操作步骤

1. 创建空白文档

启动 Word，单击快速访问工具栏中的“新建”按钮，就会创建一个空白的 Word 文档。

2. 输入内容

输入文字“第二章 网民规模及结构状况”。

3. 保存文档

单击快速访问工具栏中的“保存”按钮或按下组合键 Ctrl+S，打开“另存为”对话框，选择保存 Word 文件的位置，在“文件名”文本框中输入“word0101”，单击“保存”按钮，如图 3-1-1 所示。保存结束后，按下组合键 Alt+F4 退出 Word。

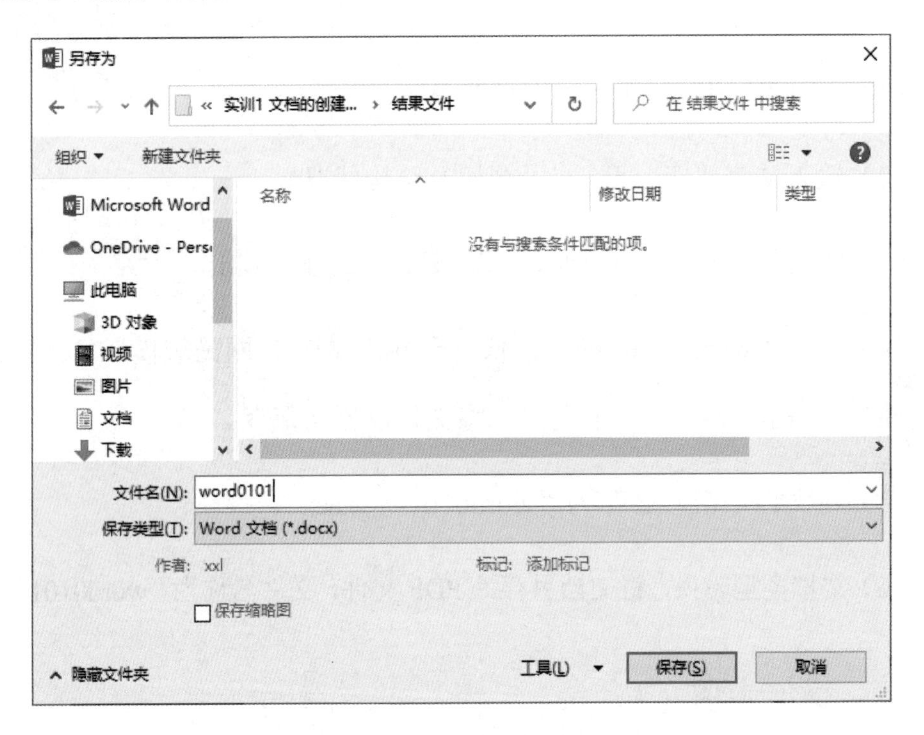

图 3-1-1　保存文件

4. 合并文档

步骤 1：双击打开文档“word0101.docx”。

步骤 2：将插入点移动到文档末尾，选择“插入”选项卡，在“插入”选项卡中单击“对象”按钮后的下拉按钮，在下拉列表中选择“文件中的文字”选项，在弹出的“插入文件”对话框中，按下 Ctrl 键，依次选择需要合并的文档，如图 3-1-2 所示，单击“插入”按钮即可完成文档合并。

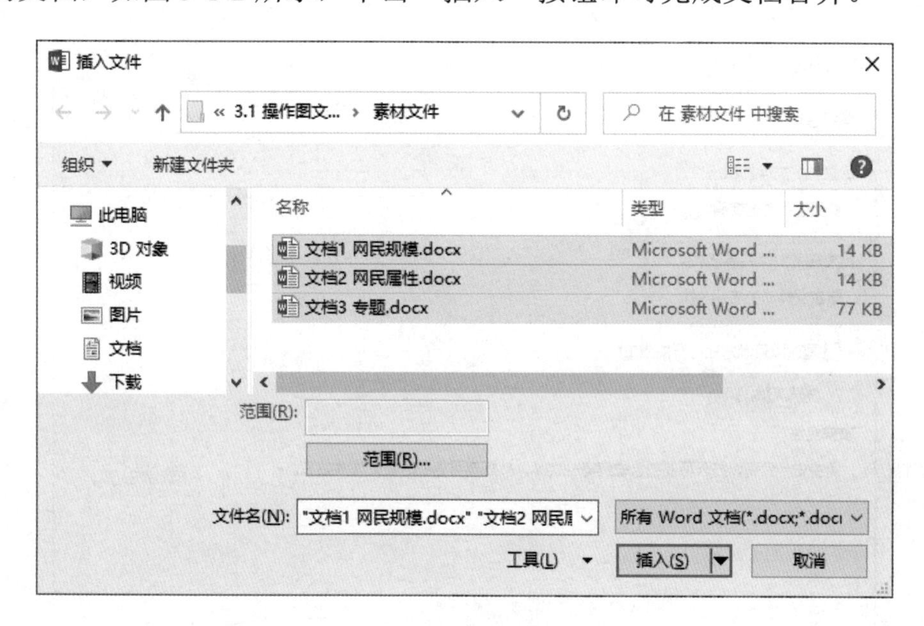

图 3-1-2　选择需要合并的文档

步骤 3：按下组合键 Ctrl+S，以原名保存文档。

5. 文档加密

步骤 1：选择“文件”→“另存为”命令，打开“另存为”对话框。

步骤 2：在“另存为”对话框中，选择“工具”→“常规选项”选项，弹出“常规选项”对话框，在“打开文件时的密码”文本框中输入设置的密码，如图 3-1-3 所示。

步骤 3：单击“确定”按钮，弹出“确认密码”对话框，再次输入设置的密码。

步骤 4：返回“另存为”对话框，输入文件名“word0101-密”，单击“保存”按钮。

图 3-1-3 输入设置的密码

6. 文档类型转换

打开文档“word0101.docx”，选择“文件”→“另存为”命令，打开“另存为”对话框。在“保存类型”下拉列表中选择“PDF”选项，单击“保存”按钮即可将文档另存为 PDF 文件。

实训 2　文档的基本操作

一、实训要求

打开文档“word0102.docx”，按如下要求进行操作。

（1）将小标题“（二）城乡网民规模”及其后边一段内容和小标题“（三）非网民规模”及其后边对应的一段交换位置，并调整小标题的序号。

（2）将“在政策的指引下，首批适老化改造网站和 App……”一段删除。

（3）将文档中所有的“网民”替换为浅蓝、加粗的“网民”。

（4）依次在文字“细化互联网应用适老化改造政策……”“出台互联网配套服务助老化举措……”的前边添加数字编号“①”和“②”。

（5）保存文档。

二、操作步骤

打开文档“word0102.docx”，操作步骤如下。

1. 交换段落位置

步骤 1：选中小标题“（三）非网民规模”及其后边一段内容，包括后边的段落标记，按下组合键 Ctrl+X。

步骤 2：将插入点移动到小标题“（二）城乡网民规模”之前，按下组合键 Ctrl+V，完成移动操作。

步骤 3：将小标题“（二）城乡网民规模”修改为“（三）城乡网民规模”，“（三）非网民规模”修改为“（二）非网民规模”。

2. 删除段落

选中“在政策的指引下，首批适老化改造网站和 App……”及其后边的段落标记，按下 Delete 键。

3. 查找、替换操作

步骤 1：将插入点移动到文档的最前边，单击“开始”选项卡中“编辑”组的“替换”按钮，打开“查找和替换”对话框。

步骤 2：在“查找内容”文本框中输入“网民”，在“替换为”文本框中输入“网民”。

步骤 3：单击“更多”按钮，选中“替换为”文本框中的“网民”，单击“格式”按钮，在下拉列表中选择“字体”选项，打开“替换字体”对话框。

步骤 4：在对话框中将字体颜色设置为“浅蓝”，字形为“加粗”，单击“确定”按钮，返回“查找和替换”对话框，此时，“查找和替换”对话框中的设置如图 3-1-4 所示。

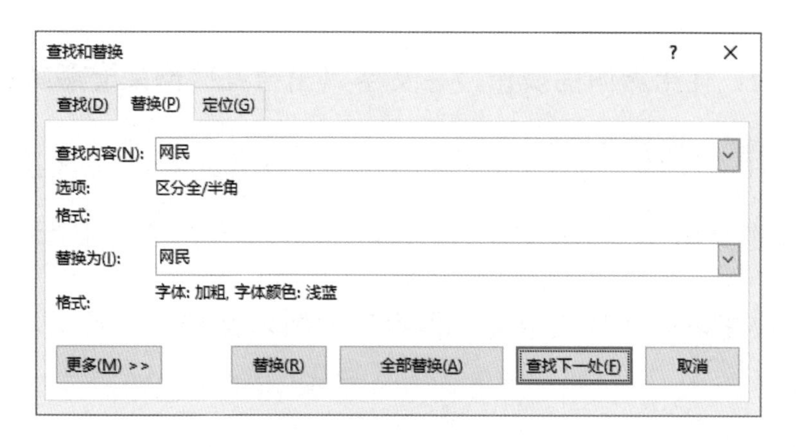

图 3-1-4　“查找和替换”对话框中的设置

步骤 5：单击“全部替换”按钮。

4. 插入数字编号

步骤 1：将插入点移动到文字“细化互联网应用适老化改造政策……”之前，单击“插入”选项卡中“符号”组的“编号”按钮，打开“编号”对话框，如图 3-1-5 所示。选择指定的编号类型，在“编号”文本框中输入数字“1”，单击“确定”按钮，完成插入。

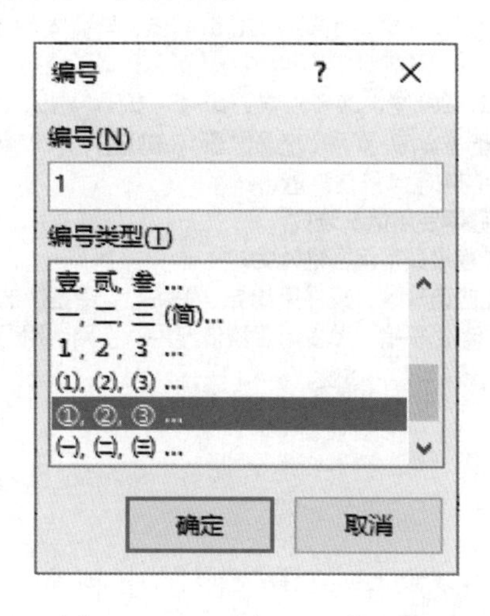

图 3-1-5　“编号”对话框

步骤 2：使用相同的操作，在文字“出台互联网配套服务助老化举措……”前插入编号“②”。

5. 保存文档

单击快速访问工具栏中的“保存”按钮。文档完成效果如图 3-1-6 所示。

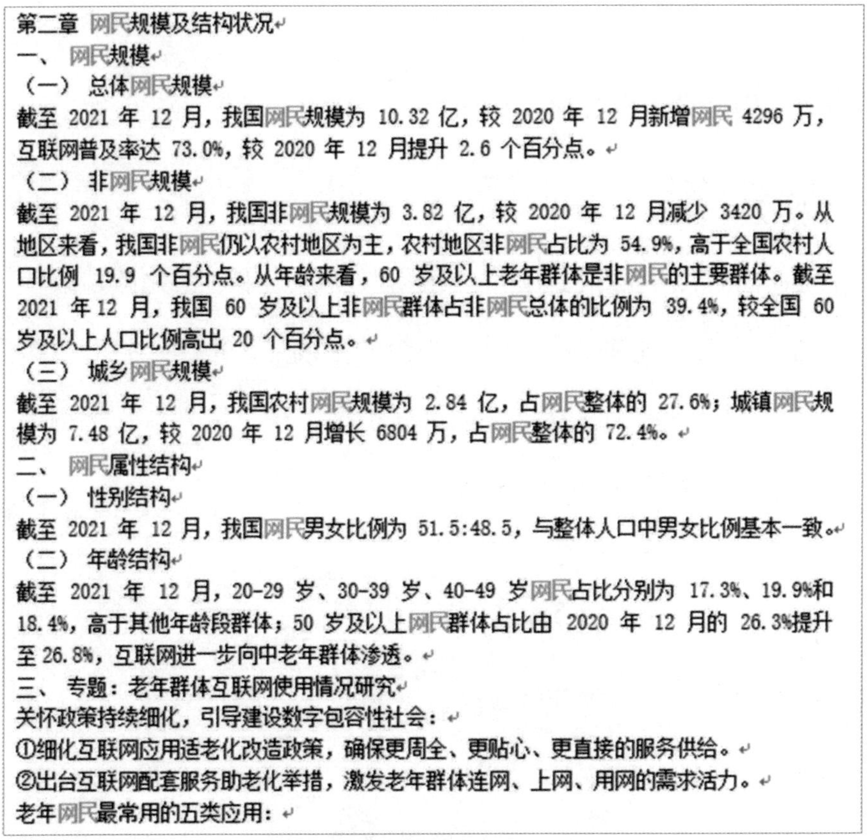

第二章 网民规模及结构状况
一、 网民规模
（一） 总体网民规模
截至 2021 年 12 月，我国网民规模为 10.32 亿，较 2020 年 12 月新增网民 4296 万，互联网普及率达 73.0%，较 2020 年 12 月提升 2.6 个百分点。
（二） 非网民规模
截至 2021 年 12 月，我国非网民规模为 3.82 亿，较 2020 年 12 月减少 3420 万。从地区来看，我国非网民仍以农村地区为主，农村地区非网民占比为 54.9%，高于全国农村人口比例 19.9 个百分点。从年龄来看，60 岁及以上老年群体是非网民的主要群体。截至 2021 年 12 月，我国 60 岁及以上非网民群体占非网民总体的比例为 39.4%，较全国 60 岁及以上人口比例高出 20 个百分点。
（三） 城乡网民规模
截至 2021 年 12 月，我国农村网民规模为 2.84 亿，占网民整体的 27.6%；城镇网民规模为 7.48 亿，较 2020 年 12 月增长 6804 万，占网民整体的 72.4%。
二、 网民属性结构
（一） 性别结构
截至 2021 年 12 月，我国网民男女比例为 51.5:48.5，与整体人口中男女比例基本一致。
（二） 年龄结构
截至 2021 年 12 月，20-29 岁、30-39 岁、40-49 岁网民占比分别为 17.3%、19.9%和 18.4%，高于其他年龄段群体；50 岁及以上网民群体占比由 2020 年 12 月的 26.3%提升至 26.8%，互联网进一步向中老年群体渗透。
三、 专题：老年群体互联网使用情况研究
关怀政策持续细化，引导建设数字包容性社会：
①细化互联网应用适老化改造政策，确保更周全、更贴心、更直接的服务供给。
②出台互联网配套服务助老化举措，激发老年群体连网、上网、用网的需求活力。
老年网民最常用的五类应用：

图 3-1-6　文档完成效果

实训3　文档的审阅

一、实训要求

打开文档“word0103.docx”，按如下要求进行操作。

（1）为文中的图片添加题注，内容为“图1　老年网民最常用的五类应用”，位置为图片下方。

（2）为文档最后一段内容添加批注“在‘《’前加上文字‘中国互联网络信息中心’”。

（3）根据批注内容，修改文档，修改完成后删除批注。

（4）对文档内容进行拼写和语法检查。

二、操作步骤

打开文档“word0103.docx”，操作步骤如下。

1. 添加题注

步骤1：选中图片并右击，在弹出的快捷菜单中选择“插入题注”命令，打开“题注”对话框。

步骤2：此时默认的“标签”如果不是“图”，则单击“标签”右侧的下拉按钮，若下拉列表中有“图”选项就直接选择“图”选项，否则就要创建新标签。

步骤3：单击“新建标签”按钮，打开“新建标签”对话框，在“标签”文本框中输入“图”，如图3-1-7所示，单击“确定”按钮，回到“题注”对话框。

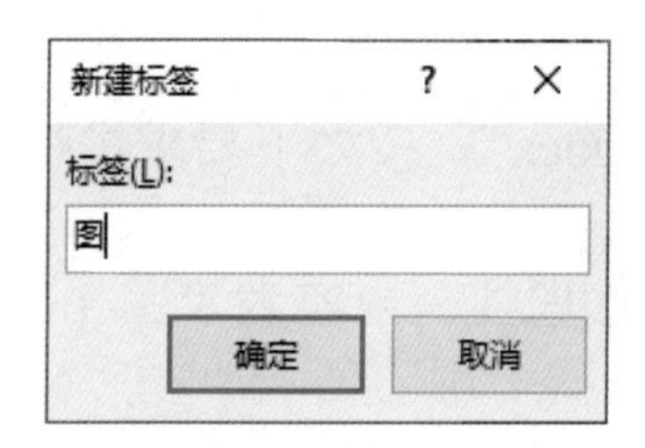

图3-1-7　在“标签”文本框中输入“图”

步骤4：在“题注”对话框中，“标签”选项自动变为“图”，“题注”文本框中的内容为“图 1”，在“图 1”后先输入空格，再输入“老年网民最常用的五类应用”，如图3-1-8所示。

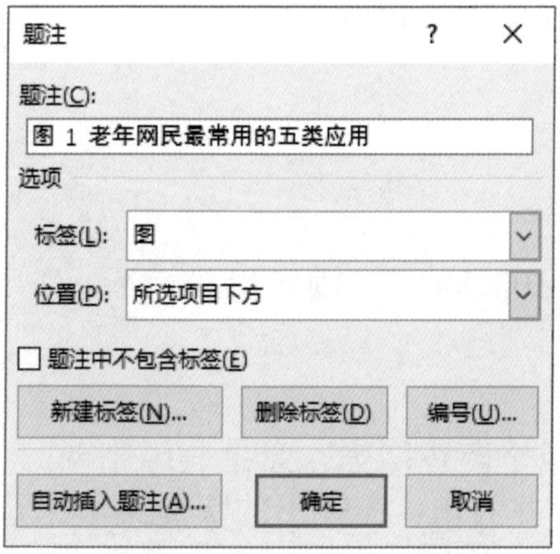

图3-1-8　输入题注内容

步骤5：题注的“位置”选项为“所选项目下方”，不做改动。单击“确定”按钮。

步骤 6：选中图下方的题注，单击“开始”选项卡中“段落”组的“居中”按钮。为图片添加了题注的效果如图 3-1-9 所示。

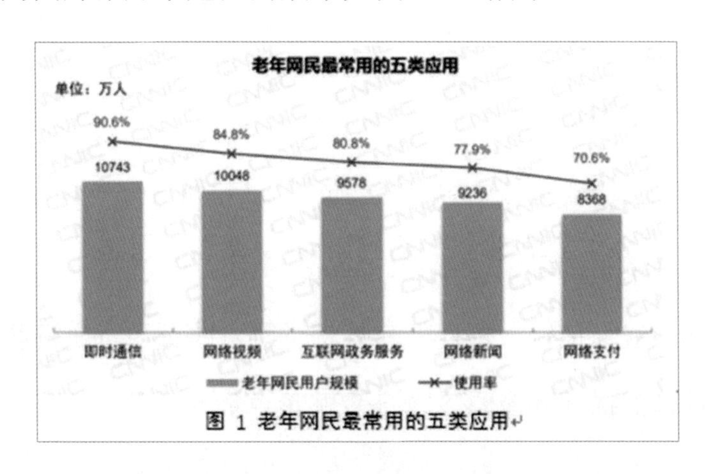

图 3-1-9　为图片添加了题注的效果

2. 添加批注

步骤 1：选中文中最后一段“以上内容来自《第 49 次中国互联网络发展状况统计报告》。”，在“审阅”选项卡的“批注”组中，单击“新建批注”按钮。

步骤 2：在“批注”文本框内输入“在‘《’前加入文本‘中国互联网络信息中心’”，如图 3-1-10 所示。

3. 修改文档，删除批注

按照批注的要求，在书名号“《”的前边输入“中国互联网络信息中心”，然后右击批注，在弹出的快捷菜单中选择“删除批注”命令。

以上内容来自《第 49 次中国互联网络发展状况统计报告》。

批注

xxl 2 分钟以前

在'《'前加入文本'中国互联网络信息中心'

图 3-1-10　在“批注”文本框内输入内容

4. 拼写和语法检查

单击“审阅”选项卡中“校对”组的“拼写和语法”按钮，Word 会自动检查可能存在的拼写和语法错误。Word 中用红色波浪下画线标记拼写错误，蓝色双下画线标记输入错误或特殊语法。右击该单词，选择“更正”命令更正该单词，或选择“忽略”命令忽略该单词。

实训 4　图文编辑基础知识

选择题

1．以下选项中，（　　）不是 Word 中的视图方式。

A．阅读视图　　B．页面视图

C．导航视图　　D．Web 版式视图

2．在 Word 中，不能将文档保存为（　　）类型。

A．纯文本　　B．RTF 文档

C．网页　　D．可执行文件

3．将插入点定位在“故人西辞黄鹤楼”一句中的“故”和“人”之间，按下 Backspace 键，该句子将变为（　　）。

A．“人西辞黄鹤楼”　　B．“古人西辞黄鹤楼”

C．“故西辞黄鹤楼”　　D．“西辞黄鹤楼”

4．在 Word 文档中，要插入“※”，通常可以使用（　　）来完成。

A．插入公式　　B．插入图片

C．插入符号　　D．插入箭头

5．下列操作中，不能打开 Word 文档的操作是（　　）。

A．双击要打开的 Word 文档

B．选择“文件”菜单中的“打开”命令

C．使用组合键 Ctrl+N

D．单击要打开的文件，按下 Enter 键

6．Word 文档的段落标记是（　　）。

A．←　　B．↓

C．—　　D．↵

7．关于选定文本内容的操作，以下叙述中不正确的是（　　）。

A．在文本选定区单击可以选定一行

B．可以使用鼠标拖动或键盘组合操作选定任何一块文本

C．不可以选定两块不连续的内容

D．使用 Ctrl+A 组合键可以选定全部内容

8．在 Word 默认的情况下输入了错误的英文单词，会（　　）。

A．系统铃响，提示出错

B．在单词下显示绿色波浪下画线

C．在单词下显示红色波浪下画线

D．自动更正

9．在 Word 编辑状态下，要将另一文档的全部内容添加在当前文档的光标处，应选择的操作是（　　）。

A．选择“插入”→“对象”→“文件中的文字”选项

B．选择“文件”→“新建”命令

C．选择“文件”→“打开”命令

D．选择“插入”→“超级链接”选项

10．以下选项中，（　　）不能在 Word“打印”命令打开的窗格中设置。

A．打印份数　　B．打印范围

C．页码位置　　D．要打印的页码

11．在 Word 中选定文本后，（　　）将文本拖动到目标位置即可实现文本的移动。

A．按住 Ctrl 键的同时　　B．按住 Esc 键的同时

C．按住 Alt 键的同时　　D．无须按键

任务 2 设置文本格式

实训知识点

1．掌握 Word 文档字体格式、段落格式的设置。

2．掌握格式刷的使用。

3．掌握项目符号和编号的使用。

4．熟悉为字符、段落等添加边框和底纹的操作。

5．掌握页面格式的设置。

6．掌握页面背景的设置。

实训 1　设置字体、段落格式

一、实训要求

打开文档“word0201.docx”，按如下要求进行操作。

（1）将文中第一段“第二章 网民规模及结构状况”设置为黑体、一号字、加粗，居中对齐。

（2）将标题文字“一、网民规模”“二、网民属性结构”“三、专题：老年群体互联网使用情况研究”设置为黑体、二号字、红色，居中对齐。

（3）将文中以汉字“（一）”“（二）”“（三）”开头的小标题，例如“（一）总体网民规模”，设置为楷体、三号字，左对齐。

（4）将标题以外的正文部分设置为首行缩进 2 个字符，1.2 倍行距，段前、段后 0.5 行。

（5）为图片上方的 5 个段落“即时通信”“网络视频”等添加项目符号“■”。

（6）为“截至 2021 年 12 月，20—19 岁、30—39 岁……”一段设置首字下沉，下沉 2 行，字体为华文隶书。

（7）为“老年人最常用的五类应用：”一段设置字符加宽 2 磅，并添加

“橙色，个性色 2，淡色 60%”的底纹。

（8）为文中最后一段文字添加 0.5 磅阴影边框，边框颜色为浅蓝色，样式为双实线。

（9）保存文档。

二、操作步骤

打开文档“word0201.docx”，操作步骤如下。

1. 设置第一段的字体、段落格式

选中“第二章 网民规模及结构状况”一段，在“开始”选项卡的“字体”组中，单击“字体”下拉按钮，在下拉列表中选择“黑体”选项；单击“字号”下拉按钮，在下拉列表中选择“一号”选项；单击“加粗”按钮；单击“段落”组中的“居中”按钮，“字体”“段落”组中的设置如图 3-2-1 所示。

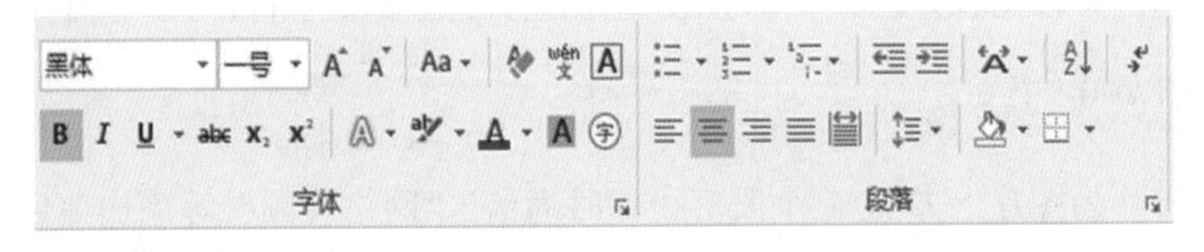

图 3-2-1 “字体”“段落”组中的设置

2. 设置标题的字体、段落格式

步骤 1：选中“一、网民规模”，在“开始”选项卡的“字体”组中，将字体设置为“黑体”，字号为“二号”，颜色为标准色中的红色；单击“段落”

组中的“居中”按钮。

步骤2：选中标题文字“一、网民规模”（包含段落标记），在“开始”选项卡的“剪贴板”组中，双击“格式刷”按钮，此时鼠标指针变为刷子形状。

步骤3：将鼠标指针移到标题文字“二、网民属性结构”前，拖动鼠标指针直到本段末尾（包含段落标记），松开鼠标左键就完成了格式的复制。

步骤4：使用相同的操作，完成标题文字“三、专题：老年群体互联网使用情况研究”格式的设置。设置完成后，按下Esc键。

3. 设置小标题的字体、段落格式

步骤1：选中“（一）总体网民规模”，在“开始”选项卡的“字体”组中，将字体设置为“楷体”，字号为“三号”；单击“段落”组中的“左对齐”按钮。

步骤2：选中“（一）总体网民规模”一段（包含段落标记），在“开始”选项卡的“剪贴板”组中，双击“格式刷”按钮，当鼠标指针变为刷子形状时，依次选中需要复制格式的其他小标题（包含段落标记）。

步骤3：设置完小标题的格式后，按下Esc键。

4. 设置正文格式

步骤1：选中“截至2021年12月，我国网民规模为10.32亿……”一段，单击“开始”选项卡中“段落”组右下角的“段落设置”按钮。

步骤2：在打开的“段落”对话框的“缩进和间距”选项卡中，单击“特

殊格式”下拉按钮，在下拉列表中选择“首行缩进”选项，在“缩进值”调整框中输入“2 字符”；在“段前”“段后”调整框中输入“0.5 行”；单击“行距”下拉按钮，选择“多倍行距”选项，在“设置值”调整框中输入“1.2”，设置完成后的“段落”对话框如图 3-2-2 所示。

步骤 3：使用格式刷，将正文第一段的格式复制到其他正文段落。

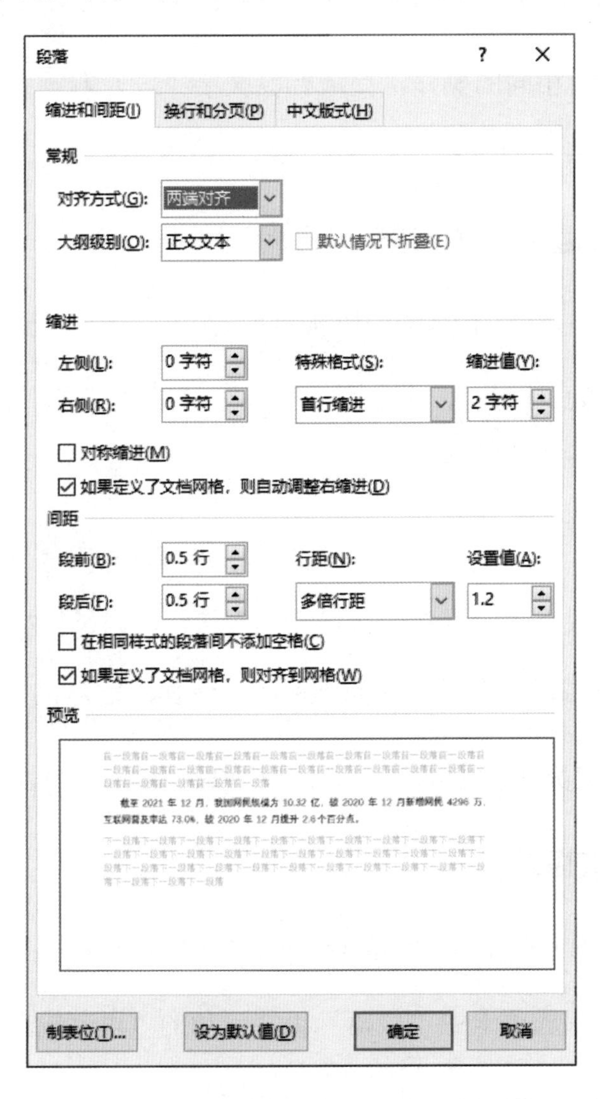

图 3-2-2　设置完成后的“段落”对话框

5. 添加项目符号

选中图片上方的 5 个段落，单击“开始”选项卡中“段落”组的“项目符号”按钮后的下拉按钮，在下拉列表中选择“项目符号库”选区中的“■”选项，添加项目符号后的段落如图 3-2-3 所示。

②出台互联网配套服务助老化举措，激发老年群体连网、上网、用网的需求活力。

老年网民最常用的五类应用：

- ■ 即时通信
- ■ 网络视频
- ■ 互联网政务服务
- ■ 网络新闻
- ■ 网络支付

图 3-2-3　添加项目符号后的段落

6. 设置首字下沉

步骤 1：将插入点移动到“截至 2021 年 12 月，20—29 岁、30—39 岁……”一段的任意位置，在“插入”选项卡的“文本”组中，单击“首字下沉”按钮，在下拉列表中选择“首字下沉选项”选项，打开“首字下沉”对话框。

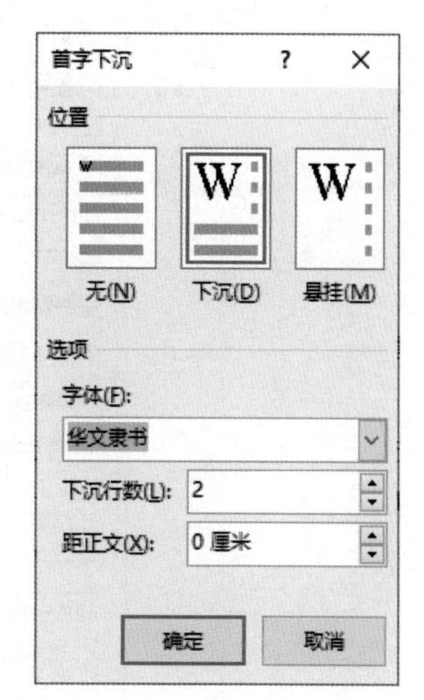

图 3-2-4　设置完成后的“首字下沉”对话框

步骤 2：在“位置”选区中选择“下沉”选项，单击“字体”下拉按钮，在下拉列表中选择“华文隶书”选项，在“下沉行数”框中输入“2”，设置完成后的“首字下沉”对话框如图 3-2-4 所示，单击“确定”按钮。

7. 设置字符间距、文字底纹

步骤 1：选中“老年网民最常用的五类应用：”一段文字，单击“开始”选项卡中“字体”组右下角的“字体”按钮。

步骤 2：在“字体”对话框中选择“高级”选项卡，单击“字符间距”选区中的“间距”下拉按钮，在下拉列表中选择“加宽”选项，在“磅值”调整框中输入“2 磅”，设置完成后的“高级”选项卡如图 3-2-5 所示，单击“确定”按钮。

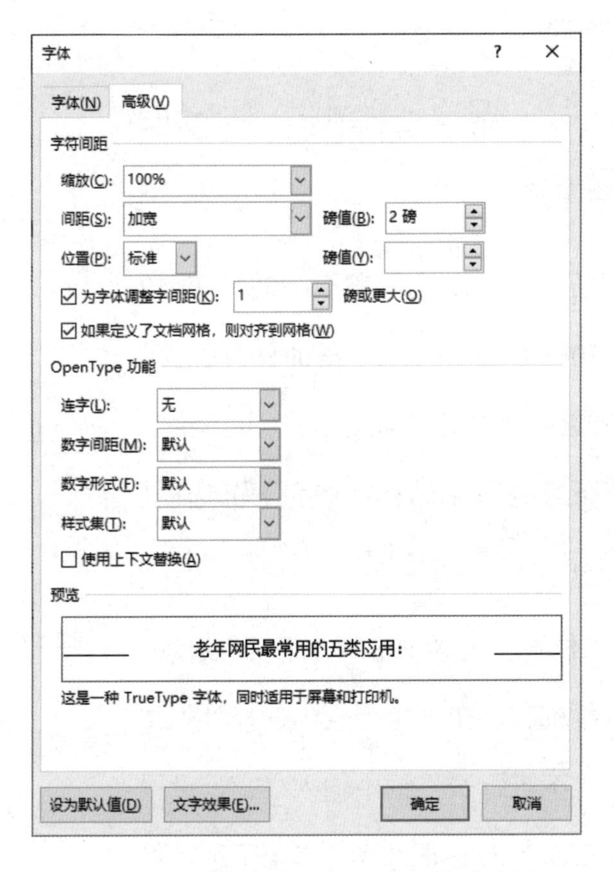

图 3-2-5　设置完成后的“高级”选项卡

步骤 3：在“段落”组中，单击“底纹”按钮右侧的下拉按钮，在下拉列表中选择“主题颜色”选区中的“橙色，个性色 2，淡色 60%”选项。

8. 设置边框

步骤 1：选中最后一段，在“开始”选项卡的“段落”组中，单击“边框”按钮右侧的下拉按钮，在下拉列表中选择“边框和底纹”选项，打开“边框和底纹”对话框。

步骤 2：选择“边框”选项卡，在“设置”选区中选择“阴影”选项，“样式”列表框中选择双实线，单击“颜色”下拉按钮，在下拉列表中选择“浅蓝”选项，“宽度”保持默认，单击“应用于”下拉按钮，在下拉列表中选择“文字”选项，设置完成后的“边框”选项卡如图 3-2-6 所示。

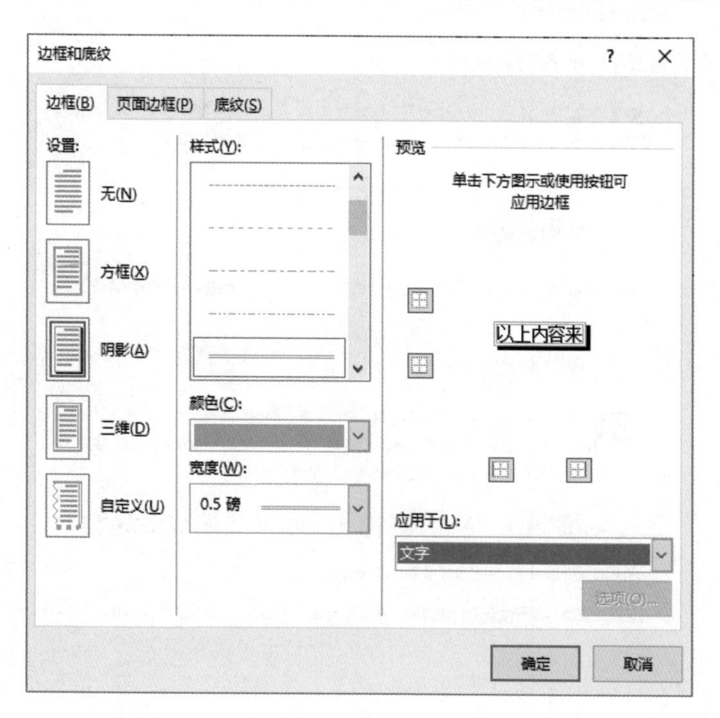

图 3-2-6　设置完成后的“边框”选项卡

步骤 3：单击“确定”按钮。

9. 保存文档

按下组合键 Ctrl+S 保存文档。文档完成效果如图 3-2-7 所示。

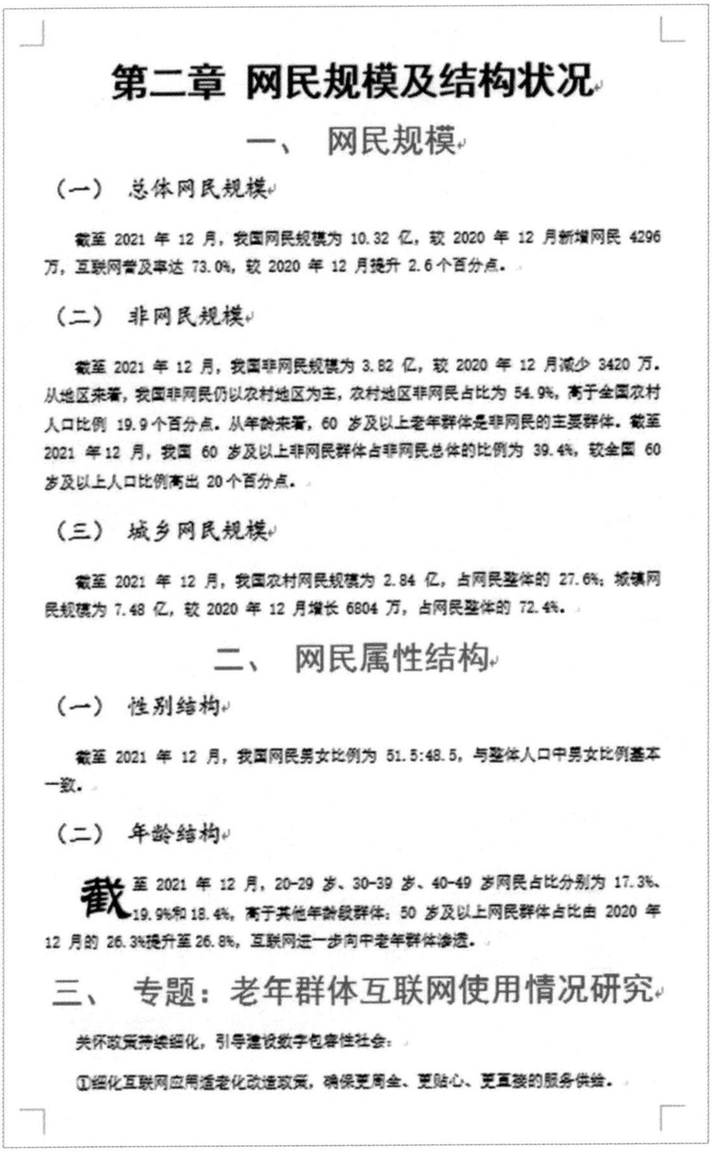

第二章 网民规模及结构状况

一、 网民规模

（一） 总体网民规模

截至 2021 年 12 月，我国网民规模为 10.32 亿，较 2020 年 12 月新增网民 4296 万，互联网普及率达 73.0%，较 2020 年 12 月提升 2.6 个百分点。

（二） 非网民规模

截至 2021 年 12 月，我国非网民规模为 3.82 亿，较 2020 年 12 月减少 3420 万。从地区来看，我国非网民仍以农村地区为主，农村地区非网民占比为 54.9%，高于全国农村人口比例 19.9 个百分点。从年龄来看，60 岁及以上老年群体是非网民的主要群体。截至 2021 年 12 月，我国 60 岁及以上非网民群体占非网民总体的比例为 39.4%，较全国 60 岁及以上人口比例高出 20 个百分点。

（三） 城乡网民规模

截至 2021 年 12 月，我国农村网民规模为 2.84 亿，占网民整体的 27.6%；城镇网民规模为 7.48 亿，较 2020 年 12 月增长 6804 万，占网民整体的 72.4%。

二、 网民属性结构

（一） 性别结构

截至 2021 年 12 月，我国网民男女比例为 51.5:48.5，与整体人口中男女比例基本一致。

（二） 年龄结构

截至 2021 年 12 月，20-29 岁、30-39 岁、40-49 岁网民占比分别为 17.3%、19.9%和 18.4%，高于其他年龄段群体；50 岁及以上网民群体占比由 2020 年 12 月的 26.3%提升至 26.8%，互联网进一步向中老年群体渗透。

三、 专题：老年群体互联网使用情况研究

关怀政策持续细化，引导建设数字包容性社会：

①细化互联网应用适老化改造政策，确保更周全、更贴心、更直接的服务供给。

图 3-2-7 文档完成效果

②出台互联网配套服务助老化举措，激发老年群体连网、上网、用网的需求活力。

老年网民最常用的五类应用：

- 即时通信
- 网络视频
- 互联网政务服务
- 网络新闻
- 网络支付

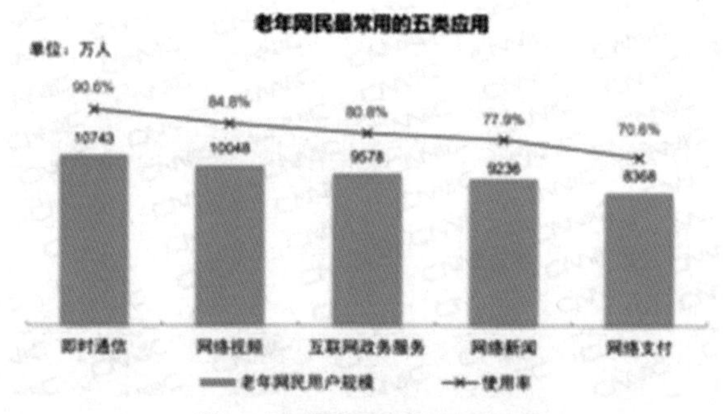

图 1 老年网民最常用的五类应用

以上内容来自中国互联网信息中心《第 49 次中国互联网络发展状况统计报告》。

图 3-2-7　文档完成效果（续）

实训 2　设置页面格式

一、实训要求

打开文档“word0202.docx”，按如下要求进行操作。

（1）将“截至 2021 年 12 月，我国非网民规模为 3.82 亿……”一段等分为两栏，栏宽为 18 字符，并添加分隔线。

（2）为文档添加文字水印，内容为“CNNIC”，版式为“斜式”。

（3）为文档添加页眉，样式为“边线型”，文字为“第 49 次中国互联网络发展状况统计报告”，加粗；给文档插入页码，位置为“页面底端”，类型为“普通数字 2”。

（4）将文档设置为 A4 大小，上、下、左、右页边距均为 2.5 厘米。

二、操作步骤

打开文档“word0202.docx”，操作步骤如下。

1. 分栏

步骤 1：选中“截至 2021 年 12 月，我国非网民规模为 3.82 亿……”一段，在“布局”选项卡的“页面设置”组中，单击“栏”按钮，在下拉列表中选择“更多栏”选项，弹出“分栏”对话框。

步骤 2：选择“预设”选区中的“两栏”选项，勾选“分隔线”复选框，在“宽度”调整框中输入“18 字符”，设置完成后的“分栏”对话框如图 3-2-8 所示，单击“确定”按钮。

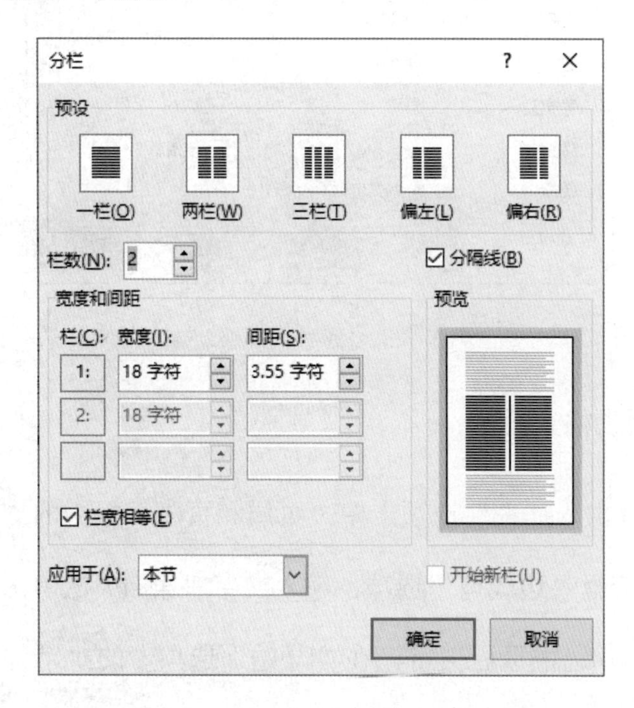

图 3-2-8　设置完成后的“分栏”对话框

2. 文字水印

步骤 1：单击“设计”选项卡中“页面背景”组的“水印”按钮，在下拉列表中选择“自定义水印”选项。

步骤 2：在“水印”对话框中，选中“文字水印”单选按钮，并在“文字”文本框中输入“CNNIC”，如图 3-2-9 所示，其他选项使用默认值，单击“确定”按钮。

图 3-2-9　在“文字”文本框中输入“CNNIC”

3. 页眉页脚格式设置

步骤 1：单击“插入”选项卡中“页眉和页脚”组中的“页眉”按钮，在下拉列表中选择“边线型”选项，输入文字“第 49 次中国互联网络发展状况统计报告”。选中页眉文字，在“开始”选项卡的“字体”组中，单击“加粗”按钮。

步骤 2：单击“插入”选项卡中“页眉和页脚”组的“页码”按钮，在弹出的下拉列表中选择“页面底端”选项，在子列表中选择“普通数字 2”选项。

4. 页面设置

打开“布局”选项卡，单击“页面设置”组右下角的“页面设置”按钮，打开“页面设置”对话框，在“纸张”选项卡中将“纸张大小”设置为“A4”；在“页边距”选项卡中将上、下、左、右页边距都设置为“2.5 厘米”，设置完成后的“页边距”选项卡如图 3-2-10 所示。

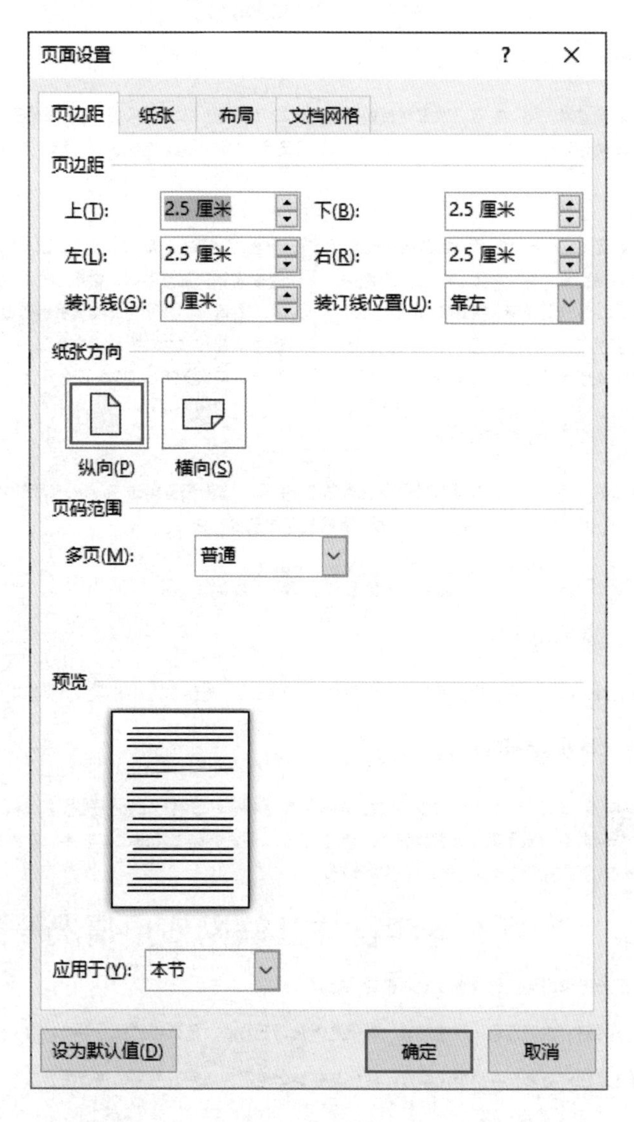

图 3-2-10　设置完成后的“页边距”选项卡

文档完成效果如图 3-2-11 所示。

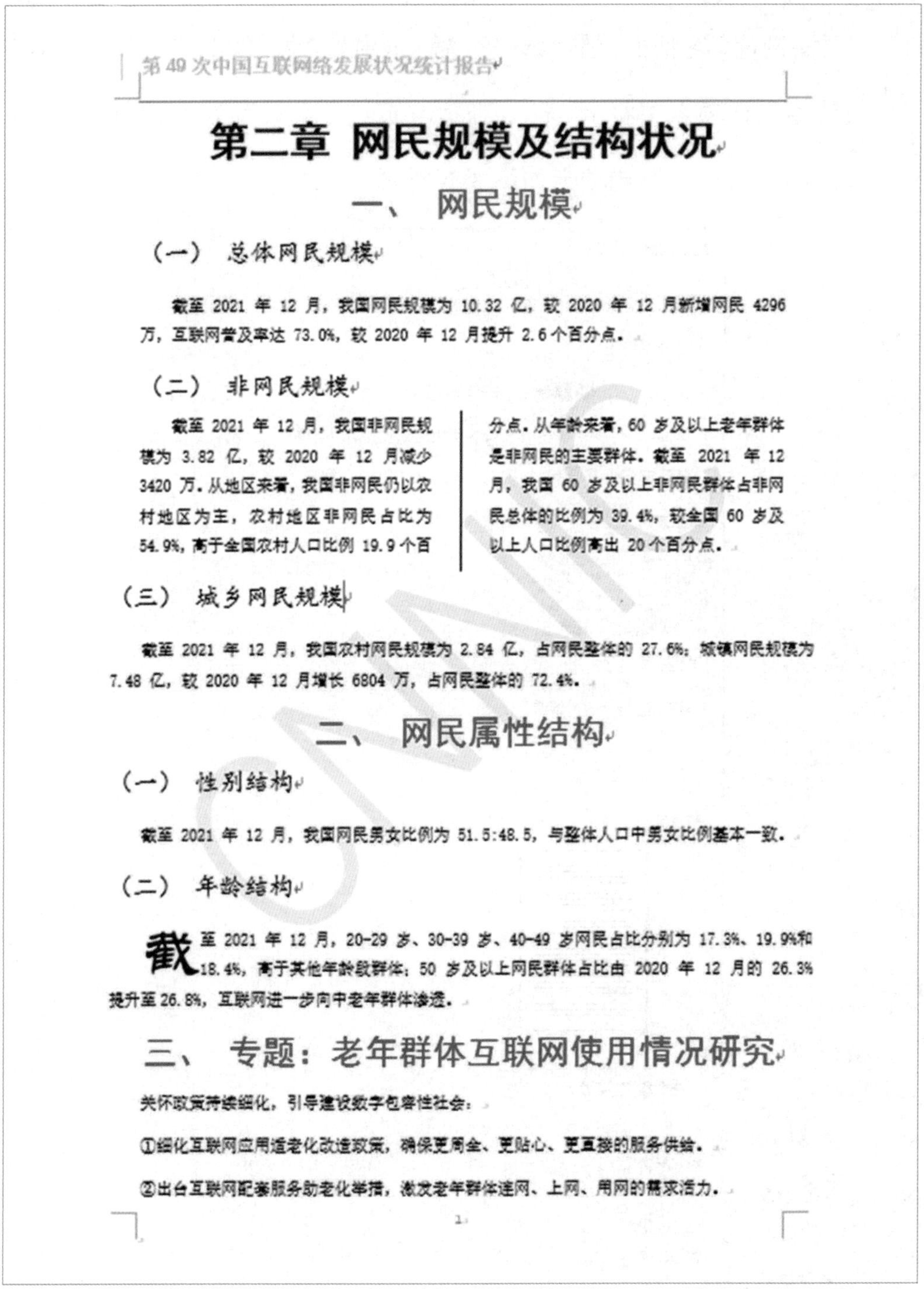

第49次中国互联网络发展状况统计报告

第二章 网民规模及结构状况

一、 网民规模

（一） 总体网民规模

截至2021年12月，我国网民规模为10.32亿，较2020年12月新增网民4296万，互联网普及率达73.0%，较2020年12月提升2.6个百分点。

（二） 非网民规模

截至2021年12月，我国非网民规模为3.82亿，较2020年12月减少3420万。从地区来看，我国非网民仍以农村地区为主，农村地区非网民占比为54.9%，高于全国农村人口比例19.9个百分点。从年龄来看，60岁及以上老年群体是非网民的主要群体。截至2021年12月，我国60岁及以上非网民群体占非网民总体的比例为39.4%，较全国60岁及以上人口比例高出20个百分点。

（三） 城乡网民规模

截至2021年12月，我国农村网民规模为2.84亿，占网民整体的27.6%；城镇网民规模为7.48亿，较2020年12月增长6804万，占网民整体的72.4%。

二、 网民属性结构

（一） 性别结构

截至2021年12月，我国网民男女比例为51.5:48.5，与整体人口中男女比例基本一致。

（二） 年龄结构

截至2021年12月，20-29岁、30-39岁、40-49岁网民占比分别为17.3%、19.9%和18.4%，高于其他年龄段群体；50岁及以上网民群体占比由2020年12月的26.3%提升至26.8%，互联网进一步向中老年群体渗透。

三、 专题：老年群体互联网使用情况研究

关怀政策持续细化，引导建设数字包容性社会：

①细化互联网应用适老化改造政策，确保更周全、更贴心、更直接的服务供给。

②出台互联网配套服务助老化举措，激发老年群体进网、上网、用网的需求活力。

1

图3-2-11 文档完成效果

第 49 次中国互联网络发展状况统计报告

老年网民最常用的五类应用：

- 即时通信
- 网络视频
- 互联网政务服务
- 网络新闻
- 网络支付

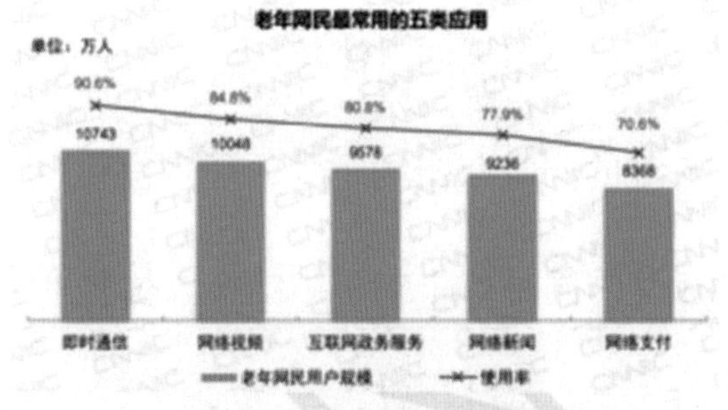

图 1 老年网民最常用的五类应用

以上内容来自中国互联网信息中心《第 49 次中国互联网络发展状况统计报告》。

2

图 3-2-11　文档完成效果（续）

实训3　设置文本格式基础知识

一、选择题

1．在Word中选定一个句子的方法是（　　）。

A．按住Ctrl键的同时双击句子中的任意位置

B．按住Ctrl键的同时单击句子中的任意位置

C．单击该句子中的任意位置

D．双击该句子中的任意位置

2．在Word中，给选定文字加单线边框，可以单击“开始”选项卡中的（　　）按钮。

A．　　　　B．

C．　　　　D．

3．在Word中，当“开始”选项卡中的“粘贴”按钮呈灰色而不能使用时，表示（　　）。

A．剪贴板里没有内容　　　　B．剪贴板里有内容

C．在文档中没有选定内容　　　　D．在文档中已选定内容

4．在 Word 中，下列关于分栏操作的说法正确的是（　　）。

A．可以将指定的段落分成不同宽度的两栏

B．任何视图下都可以看到分栏效果

C．设置的各栏宽度和间距与页面宽度无关

D．栏与栏之间不可以设置分隔符

5．在 Word 中，选择一段文字的方法是将光标放在待选择段落左边的选择区，然后（　　）。

A．双击鼠标右键　　B．单击鼠标右键

C．双击鼠标左键　　D．单击鼠标左键

6．在 Word 中，段落默认的对齐方式是（　　）。

A．居中对齐　　B．左对齐

C．右对齐　　D．两端对齐

7．在 Word 文档中要创建项目符号时，以下说法正确的是（　　）。

A．不需要选择文本就可以创建项目符号

B．以段为单位创建项目符号

C．以节为单位创建项目符号

D．以选中的文本为单位创建项目符号

8．在 Word 中，格式刷的用途是（　　）。

A．选定文字和段落

B．删除不需要的文字或段落

C．复制已选中的字符

D．复制已选中的字符或段落的格式

9．关于 Word 文档中页眉的说法中，错误的是（　　）。

A．可以设置“首页不同”的页眉

B．可以设置“奇偶页不同”的页眉

C．无法在页眉中添加日期和时间

D．页眉中可以添加文档信息

10．在 Word 中，默认的纸型是（　　）。

A．B5　　B．A4

C．16 开　　D．32 开

二、填空题

1．Word 中有“插入”和“改写”两种编辑状态，使用________键，能够在这两种状态间进行切换。

2．在 Word 中，实现撤销功能的快捷键是______________。

任务 3 制作表格

实训知识点

1．掌握在 Word 中插入表格的方法。

2．掌握表格的基本编辑操作。

3．掌握表格数据的计算和排序方法。

4．掌握文本和表格的转换操作。

5．掌握表格边框和底纹的设置。

实训 1　制作个人简历

一、实训要求

新建 Word 文档，使用表格制作个人简历，并保存为“word0301.docx”。

（1）插入一个 6 行 6 列的表格。

（2）分别合并第一行、第五行、第六行的所有单元格。

（3）在最后一行的上方插入新行，将其拆分为 1 行 4 列。

（4）输入相关的文本内容。

（5）将第一行到第六行的行高调整为“1 厘米”，第七行的行高调整为“8 厘米”。

（6）将所有单元格中的文本设置为水平、垂直居中。

（7）将表格的外框线设置为 0.75 磅、黑色、双实线。为表格中第一行、第五行添加底纹，颜色为“蓝色，个性色 1，淡色 60%”。

（8）将表格设置为居中对齐。

二、操作步骤

启动 Word，新建一个空白文档，将其保存为“word0301.docx”。

1. 创建表格

步骤 1：单击“插入”选项卡中“表格”组的“表格”按钮，在下拉列表中选择“插入表格”选项，打开“插入表格”对话框。

步骤 2：在“列数”调整框中输入“6”，在“行数”调整框中输入“6”，设置完成后的“插入表格”对话框如图 3-3-1 所示，单击“确定”按钮。

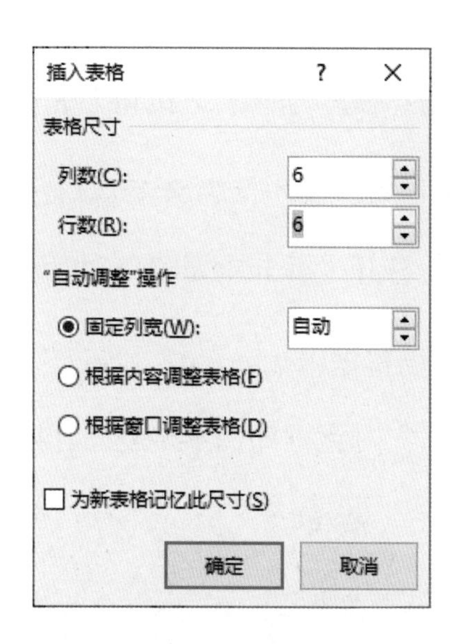

图 3-3-1　设置完成后的“插入表格”对话框

2. 合并单元格

步骤 1：选中第一行所有的单元格，单击“表格工具-布局”选项卡中“合并”组的“合并单元格”按钮。

步骤 2：按照要求，依次合并第五行、第六行的单元格，合并单元格后的表格如图 3-3-2 所示。

↵					
↵	↵	↵	↵	↵	↵
↵	↵	↵	↵	↵	↵
↵	↵	↵	↵	↵	↵
↵					
↵					

图 3-3-2　合并单元格后的表格

3. 插入行、拆分单元格

步骤 1：将插入点移动到最后一行的单元格中，单击“表格工具-布局”

选项卡中“行和列”组的“在上方插入”按钮，完成插入一行的操作。

步骤 2：选中新插入的行，单击“表格工具-布局”选项卡中“合并”组的“拆分单元格”按钮，打开“拆分单元格”对话框。

步骤 3：在“列数”调整框中输入“4”，“行数”调整框中输入“1”，设置完成后的“拆分单元格”对话框如图 3-3-3 所示，单击“确定”按钮。

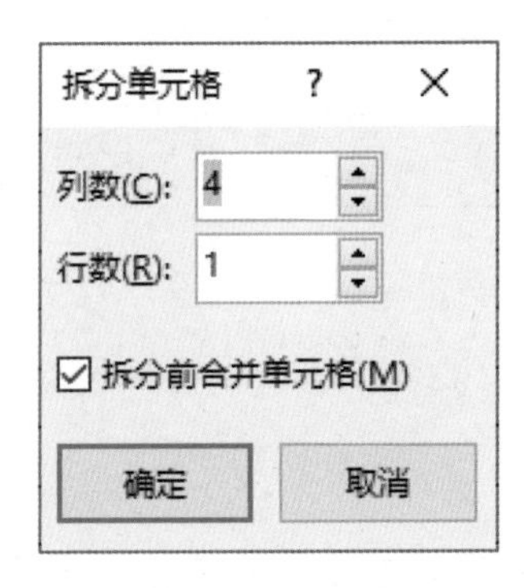

图 3-3-3　设置完成后的“拆分单元格”对话框

4. 输入单元格文本

依次在单元格中输入文本，文本内容如图 3-3-4 所示。

<table>
<tr><td colspan="12">基本信息</td></tr>
<tr><td colspan="2">姓　名</td><td colspan="2"></td><td colspan="2">性　别</td><td colspan="2"></td><td colspan="2">出生日期</td><td colspan="2"></td></tr>
<tr><td colspan="2">民　族</td><td colspan="2"></td><td colspan="2">籍　贯</td><td colspan="2"></td><td colspan="2">移动电话</td><td colspan="2"></td></tr>
<tr><td colspan="2">学　历</td><td colspan="2"></td><td colspan="2">专　业</td><td colspan="2"></td><td colspan="2">毕业院校</td><td colspan="2"></td></tr>
<tr><td colspan="12">工作经历</td></tr>
<tr><td colspan="3">时间</td><td colspan="3">公司</td><td colspan="3">职位</td><td colspan="3">工作任务</td></tr>
<tr><td colspan="12"></td></tr>
</table>

图 3-3-4　文本内容

5. 调整行高

步骤 1：选中表格的前六行，在“表格工具-布局”选项卡中“单元格大小”组的“高度”调整框中输入“1 厘米”，如图3-3-5所示。

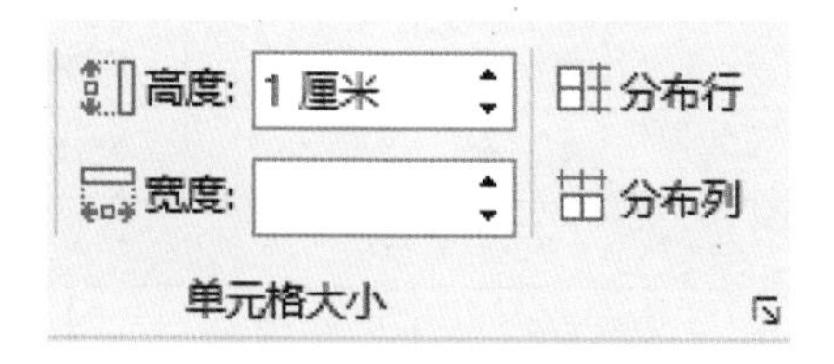

图3-3-5　在“高度”调整框中输入“1 厘米”

步骤2：选中第七行，在“高度”调整框中输入“8 厘米”。

6. 单元格文对齐方式

选中表格，在“表格工具-布局”选项卡的“对齐方式”组中，单击“水平居中”按钮。

7. 设置表格边框和底纹

步骤1：选中表格，在“表格工具-设计”选项卡的“边框”组中，单击“笔样式”下拉按钮，在下拉列表中选择“双实线”选项，单击“笔画粗细”下拉按钮，选择“0.75磅”选项，笔颜色保持默认。

步骤 2：单击“边框”按钮的下拉按钮，在下拉列表中选择“外侧框线”选项。

步骤3：按下Ctrl键，选中表格中第一行、第五行，在“表格工具-设计”选项卡的“表格样式”组中，单击“底纹”下拉按钮，在下拉列表中选择主题颜色“蓝色，个性色 1，淡色 60%”选项。简历效果如图 3-3-6所示。

<table>
<tr><th colspan="12">基本信息</th></tr>
<tr><td colspan="2">姓　名</td><td colspan="2"></td><td colspan="2">性　别</td><td colspan="2"></td><td colspan="2">出生日期</td><td colspan="2"></td></tr>
<tr><td colspan="2">民　族</td><td colspan="2"></td><td colspan="2">籍　贯</td><td colspan="2"></td><td colspan="2">移动电话</td><td colspan="2"></td></tr>
<tr><td colspan="2">学　历</td><td colspan="2"></td><td colspan="2">专　业</td><td colspan="2"></td><td colspan="2">毕业院校</td><td colspan="2"></td></tr>
<tr><th colspan="12">工作经历</th></tr>
<tr><td colspan="3">时间</td><td colspan="3">公司</td><td colspan="3">职位</td><td colspan="3">工作任务</td></tr>
<tr><td colspan="12"></td></tr>
</table>

图 3-3-6　简历效果

8. 表格对齐方式

选中表格，在“表格工具-布局”选项卡的“表”组中，单击“属性”按钮，打开“表格属性”对话框，在“表格”选项卡的“对齐方式”选区中选择“居中”选项。

实训 2　制作并计算产品销售表

一、实训要求

打开文档“word0302.docx”，按如下要求进行操作。

（1）选中文档的前四行，将其转换为一个 4 行 5 列的表格。

（2）在第五列的右侧添加一列，标题为“平均值”。

（3）计算表中所有产品四个季度的销售平均值。

（4）按“平均值”降序排序。

（5）为表格应用样式“网格表 4–着色 5”。

（6）将单元格中文本的字体设置为楷体、四号字，对齐方式为水平、垂直居中。

（7）保存文档。

二、操作步骤

打开文档“word0302.docx”，操作步骤如下。

1. 文本转换为表格

步骤 1：选中文档前四行的文本。

步骤 2：在“插入”选项卡的“表格”组中，单击“表格”按钮，在下拉列表中选择“文本转换成表格”选项，打开“将文字转换成表格”对话框。

步骤 2：在“文字分隔位置”选区内选中“制表符”单选按钮，单击“确定”按钮。转换后的表格如图 3-3-7 所示。

产品	第一季度	第二季度	第三季度	第四季度
A 产品	45	46	48	45
B 产品	20	56	70	90
C 产品	40	38	37	41

图 3-3-7　转换后的表格

2. 插入“平均值”列。

步骤 1：选中第五列，或单击第五列中任意一个单元格。

步骤 2：在“表格工具-布局”选项卡的“行和列”组中，单击“在右侧插入”按钮，插入新的一列。

步骤 3：在第一行的最后一个单元格中输入“平均值”。

3. 计算产品的平均值

步骤 1：将插入点放在“A 产品”所在行的最后一个单元格。

步骤 2：在“表格工具-布局”选项卡的“数据”组中，单击“公式”按钮，打开“公式”对话框，将“公式”文本框中默认的“SUM(LEFT)”删除，保留“=”。单击“粘贴函数”下拉按钮，在下拉列表中选择“AVERAGE”选项，在括号中输入“left”，设置完成后的“公式”对话框如图 3-3-8 所示。

图 3-3-8　设置完成后的“公式”对话框

步骤 3：单击“确定”按钮。重复此操作，计算其他产品的平均值，计算结果如图 3-3-9 所示。

产品	第一季度	第二季度	第三季度	第四季度	平均值
A 产品	45	46	48	45	46
B 产品	20	56	70	90	59
C 产品	40	38	37	41	39

图 3-3-9　计算结果

4. 表格数据排序

选中表格，在“表格工具-布局”选项卡的“数据”组中，单击“排序”按钮，打开“排序”对话框。单击“主要关键字”下拉按钮，在下拉列表中选择“平均值”选项，单击“类型”下拉按钮，在“类型”下拉列表中选择“数字”选项，再选中“降序”单选按钮，单击“确定”按钮，设置完成后的“排序”对话框如图 3-3-10 所示。

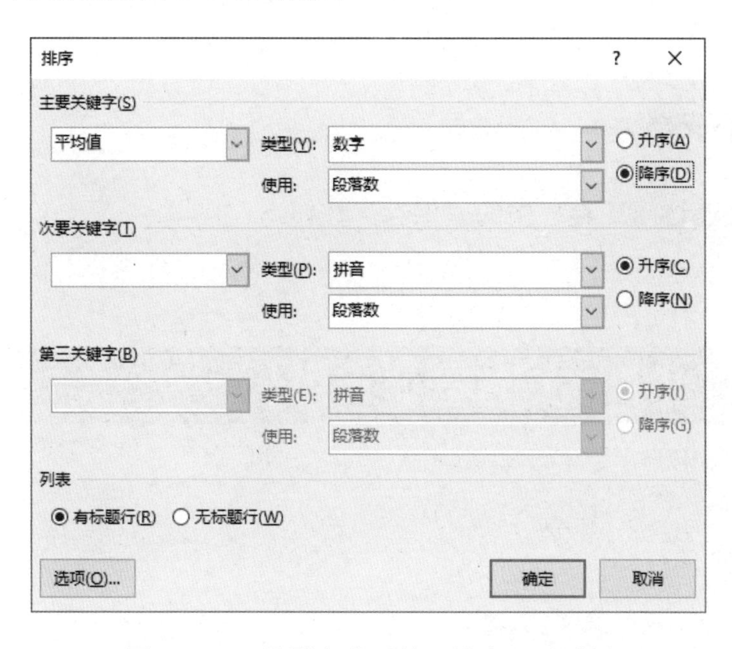

图 3-3-10　设置完成后的“排序”对话框

5. 为表格应用样式

选中表格，在“表格工具-设计”选项卡的“表格样式”组中，单击“其他”按钮，在下拉列表中选择“网格表 4-着色 5”选项。

6. 设置单元格中文本的格式及对齐方式

步骤 1：选中表格，在“开始”选项卡的“字体”组中，将字体设置为楷体，字号为四号。

步骤 2：在“表格工具-布局”选项卡的“对齐方式”组中，单击“水平居中”按钮。表格完成效果如图 3-3-11 所示。

产品	第一季度	第二季度	第三季度	第四季度	平均值
B 产品	20	56	70	90	59
A 产品	45	46	48	45	46
C 产品	40	38	37	41	39

图 3-3-11　表格完成效果

7. 保存文档

单击快速访问工具栏中的“保存”按钮。

实训 3　制作表格基础知识

选择题

1．关于表格中的单元格，叙述错误的是（　　）。

A．表格中行、列交叉形成的格称为单元格

B．在单元格中，既可以输入文本，也可以输入图形

C．单元格中的文字不能单独设置字符格式

D．一个单元格可以拆分为多个单元格

2．下列对 Word 中表格的叙述错误的是（　　）。

A．插入表格可以通过“插入”选项卡实现，也可以通过绘制实现

B．使用相关选项，可使表格与文本相互转换

C．可以将表格中同一行的单元格设置成不同高度

D．可以将表格中的文本、数字、日期升序或降序排序

3．在 Word 的编辑状态下，选择了多行多列的整个表格后，按 Delete 键，则（　　）。

A．表格的第一列被删除

B．整个表格被删除

C．表格的第一行被删除

D．表格内容被删除，表格变为空表格

4．在 Word 中，如果要让表格的第一行在每一页重复出现，可以使用哪种方法？（　　）

A．标题行重复　　　　B．标题列重复

C．打印左端标题列　　D．打印顶端标题行

任务 4 绘制图形

实训知识点

1. 掌握绘制和格式化自选图形的操作。

2. 掌握图形对象布局的设置。

3. 掌握创建和格式化文本框的操作。

4. 掌握数学公式的创建。

5. 掌握创建和格式化 SmartArt 图形的操作。

实训 1 制作组织结构图

一、实训要求

新建 Word 文档，使用 SmartArt 为企业制作组织结构图，并保存为

“word0401.docx”。

二、操作步骤

新建 Word 文档，将其保存为“word0401.docx”。

1. 插入 SmartArt 图形

步骤 1：单击“插入”选项卡中“插图”组的“SmartArt”按钮，打开“选择 SmartArt 图形”对话框。

步骤 2：选择“层次结构”选项卡中的“组织结构图”选项，单击“确定”按钮。

2. 输入文本

在编辑区输入文本，文本内容如图 3-4-1 所示。

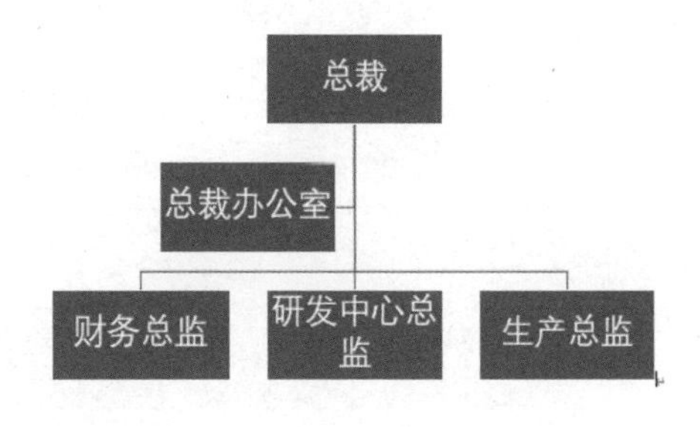

图 3-4-1 文本内容

3. 添加同级形状

步骤 1：选中 SmartArt 图形，单击“SmartArt 工具-设计”选项卡中“创建图形”组的“文本窗格”按钮，打开“在此处键入文字”窗格，如图 3-5-2 所示。

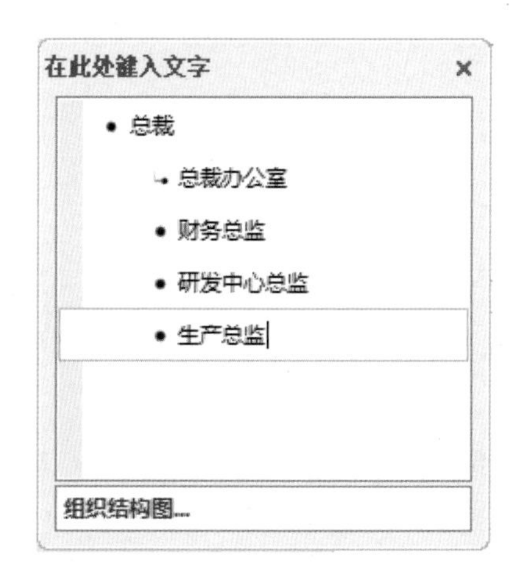

图 3-4-2 “在此处键入文字”窗格

步骤 2：将光标移动到“生产总监”之后，按下 Enter 键，输入“营销总监”。

步骤 3：重复上述操作，添加“行政总监”同级形状，添加完成后的 SmartArt 图形如图 3-4-3 所示。

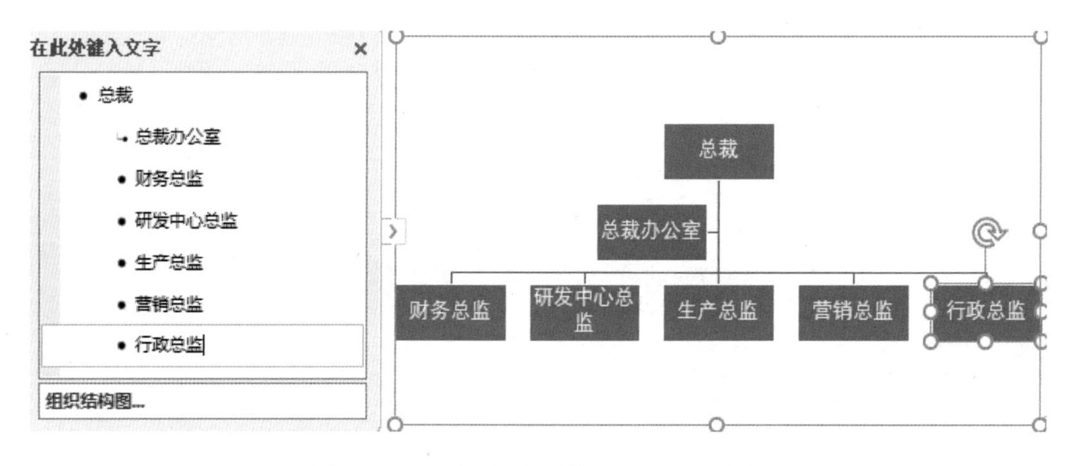

图 3-4-3 添加完成后的 SmartArt 图形

4. 添加子级形状

步骤 1：选中第三行第一个形状，单击“SmartArt 工具-设计”选项卡中

“创建图形”组的“添加形状”按钮，在下拉列表中选择“在下方添加形状”选项，此时就会为该形状添加下一级形状。

步骤 2：重复此操作，为第三行的其他形状添加下一级形状，并输入文本，添加下一级形状后的效果如图 3-4-4 所示。

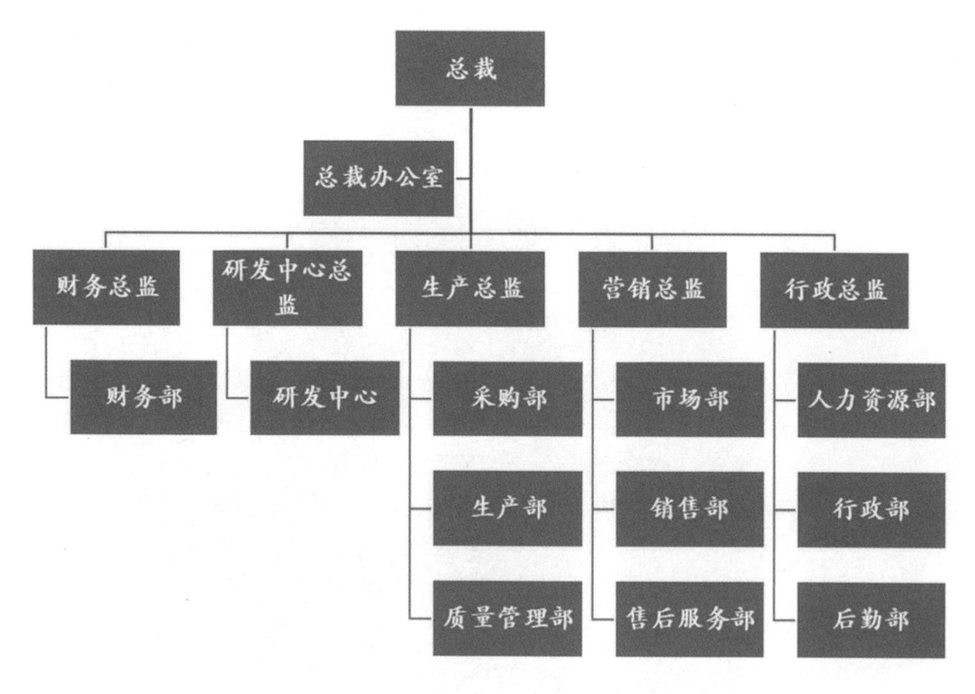

图 3-4-4　添加下一级形状后的效果

5. 修改布局

选中第三行第一个形状，单击“SmartArt 工具-设计”选项卡中“创建图形”组的“布局”按钮，在下拉列表中选择“标准”选项。重复此操作，将第三行第二个形状的布局也修改为“标准”。

6. 设置形状字体格式

选中 SmartArt 图形，在“开始”选项卡的“字体”组中，将字体设置为华文楷体，12号字，加粗。

7. 设置SmartArt图形样式

选中SmartArt图形，单击“SmartArt工具-设计”选项卡中“SmartArt样式”组的“更改颜色”按钮，选择“彩色范围-个性色5至6”选项，单击“SmartArt样式”组中的“其他”按钮，选择“强烈效果”选项。完成效果如图3-4-5所示。

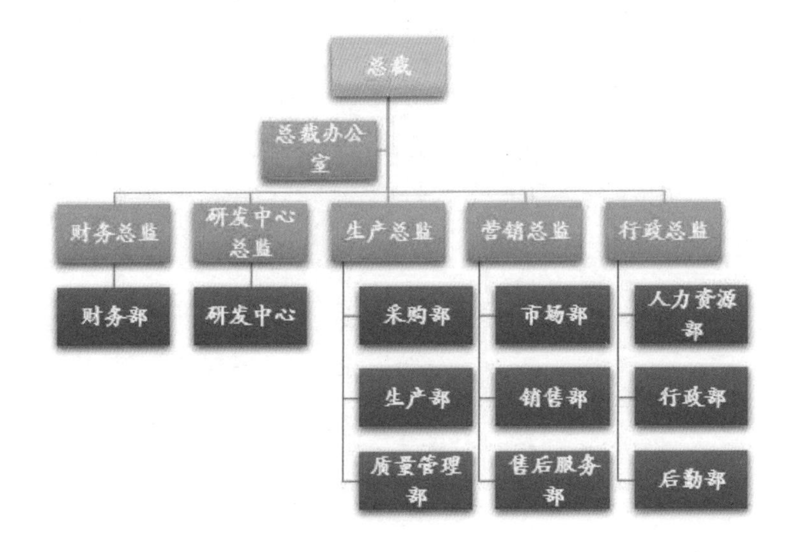

图3-4-5　完成效果

实训2　制作流程图

一、实训要求

新建Word文档，使用绘制形状制作烟雾检测报警器的报警流程图，并保存为“word0402.docx”。

（1）插入画布。

（2）在画布中插入流程图中的“过程”“可选过程”“决策”等图形，并添加文本（文本内容参照完成效果图）。

（3）为图形设置合适的对齐效果，并美化图形。

（4）插入图形之间的连接箭头。

（5）插入文本框，为“决策”图形添加文本。

（6）美化形状。

二、操作步骤

新建 Word 文档，将其保存为“word0402.docx”。

1. 插入画布

选择“插入”选项卡，单击“插图”组中的“形状”按钮，在下拉列表中选择“新建绘图画布”选项，就会在文档中创建画布，打开“绘图工具-格式”选项卡，如图 3-4-6 所示。

图 3-4-6　“绘图工具-格式”选项卡

2. 插入图形

步骤 1：选择“插入”选项卡，单击“插图”组中的“形状”按钮，在下拉列表中选择“流程图”选区中的“流程图：过程”选项，“流程图”选区如图 3-4-7 所示。当鼠标指针变为十字形时，在画布的任意位置拖动鼠标指针画出图形，并调整图形的大小。

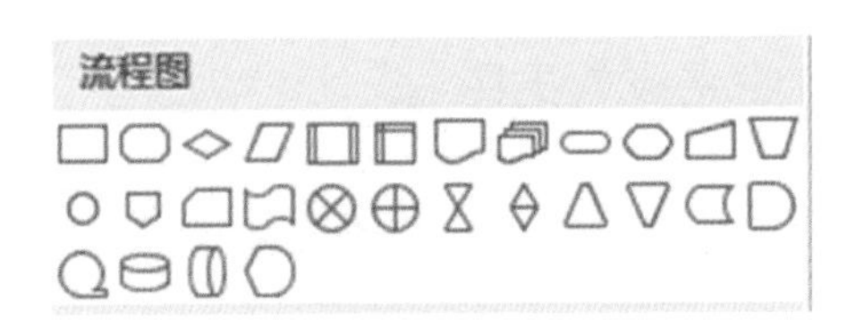

图 3-4-7 “流程图”选区

步骤 2：右击图形，在弹出的快捷菜单中选择“添加文字”命令，在图形中输入文字“开机、烟雾传感器预热”，并调整文字的位置。

步骤 3：依次添加“流程图：可选过程”“流程图：决策”等图形，并添加对应的文字，如图 3-4-8 所示。

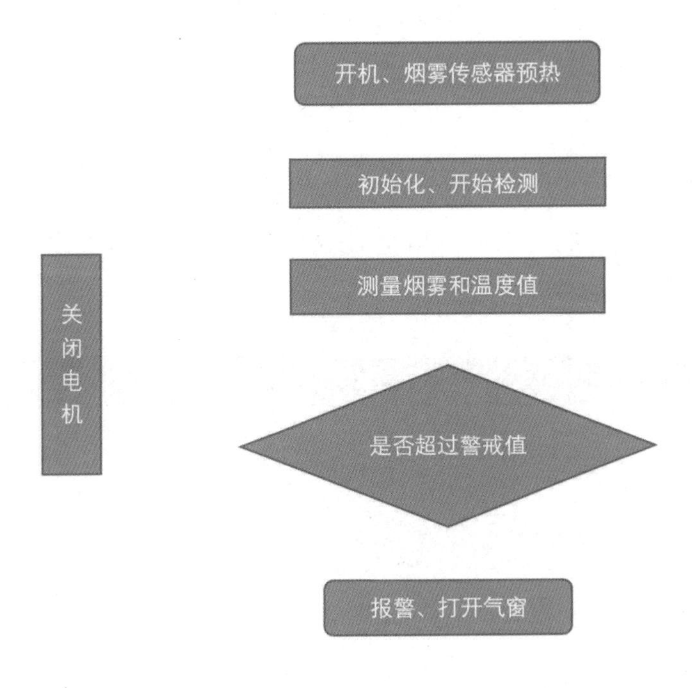

图 3-4-8 流程图的图形和文字

3. 对齐图形

在“开始”选项卡的“编辑”组中，单击“选择”按钮，在下拉列表中选择“选择对象”选项，将“开机、烟雾传感器预热”一列的图形选中，在“绘图工具-格式”选项卡的“排列”组中，单击“对齐”按钮，在下拉列表中选择“水平居中”选项，将所有选中的图形水平居中对齐。

4. 插入箭头

选择“绘图工具-格式”选项卡中“插入形状”组的“箭头”选项，画出图形间的连接箭头。

5. 插入文本框

步骤 1：单击“绘图工具-格式”选项卡中“插入形状”组的“文本框”按钮，在下拉列表中选择“绘制文本框”选项，依次在“是否超过警戒值”决策图形的左侧和下方，绘制两个水平文本框。

步骤 2：在文本框中分别添加文字“N”和“Y”。

步骤 3：选中文本框，单击“绘图工具-格式”选项卡中“形状样式”组的“形状填充”按钮，在下拉列表中选择“无填充”选项，如图 3-4-9 所示。单击“形状轮廓”按钮，在下拉列表中选择“无轮廓”选项，如图 3-4-10 所示。

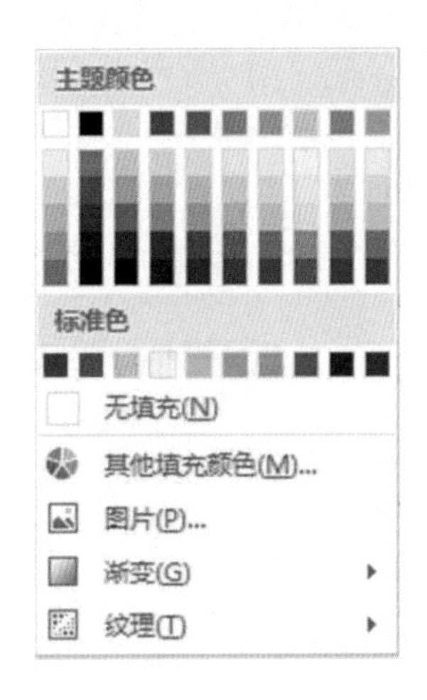

图 3-4-9　选择“无填充”选项

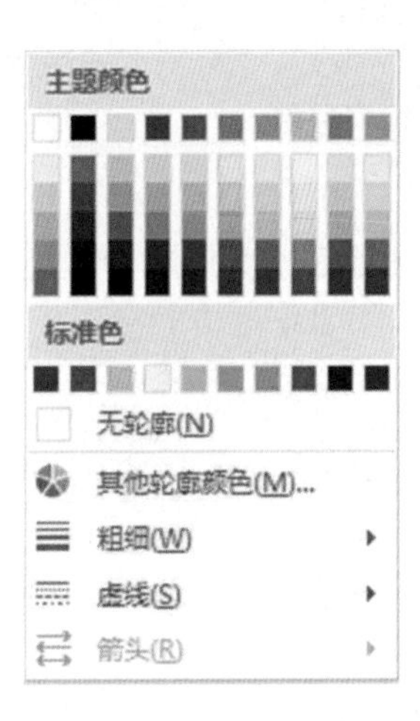

图 3-4-10　选择“无轮廓”选项

6. 美化图形

按下 Ctrl 键，依次选中流程图中的图形（注意单击形状的边线位置），在“绘图工具-格式”选项卡的“形状样式”列表框中选择“彩色轮廓-蓝色，强调颜色 1”选项。完成效果如图 3-4-11 所示。

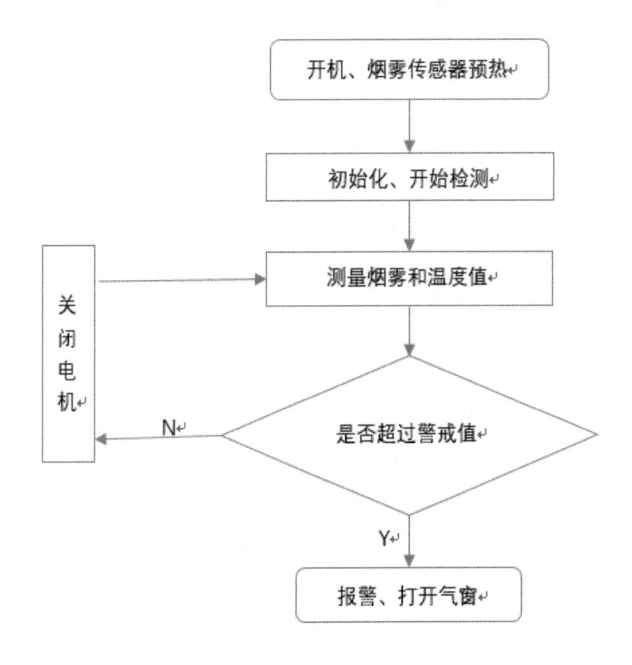

图 3-4-11　完成效果

实训 3　数学公式

一、实训要求

新建 Word 文档，将其保存到桌面，文档名称为“word0403.docx”。

在 Word 中插入公式，手动创建一个数学公式，数学公式如图 3-4-12 所示。

$$x=\frac{-b\pm\sqrt{b^2-4ac}}{2\mathrm{a}}$$

图 3-4-12　数学公式

二、操作步骤

新建 Word 文档，将其保存为“word0403.docx”

1. 插入公式

打开该文档，将鼠标指针定位在要插入公式的位置，选择“插入”选项卡，单击“公式”按钮，在下拉列表中选择“插入新公式”选项，如图 3-4-13 所示。出现公式编辑框，同时出现“公式工具-设计”选项卡，如图 3-4-14 所示。

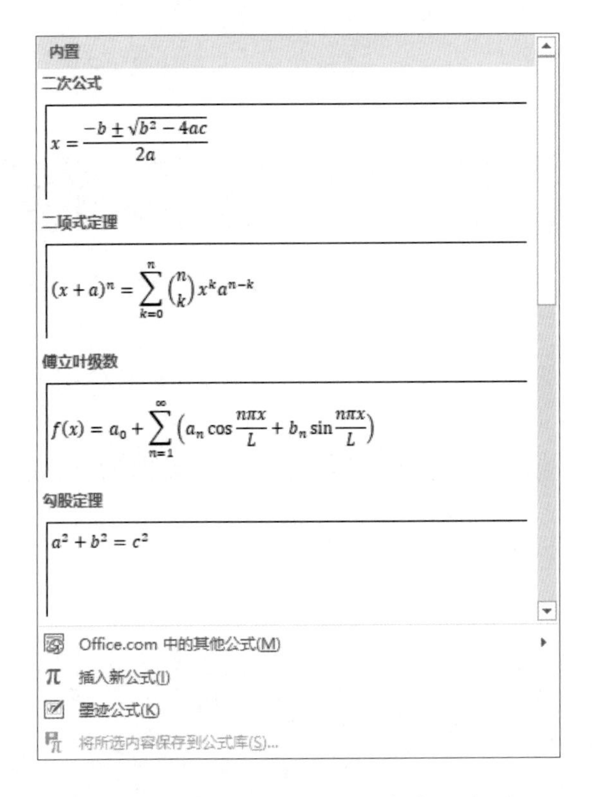

图 3-4-13　选择“插入新公式”选项

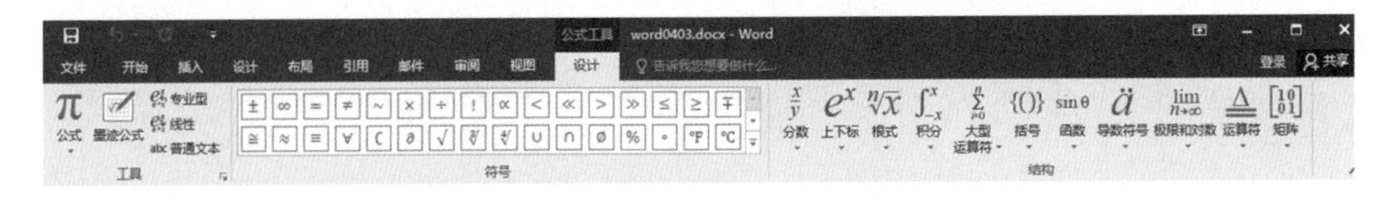

图 3-4-14　“公式工具-设计”选项卡

2. 编辑公式

步骤 1：输入“x=”，并将 x 设置为斜体。

步骤 2：单击“结构”组中的“分数”按钮，在下拉列表中选择“分数（竖式）”选项。单击分数线下方的虚线框，输入“2a”。单击分数线上方的虚线框，输入“-b”，选择“符号”列表框中的“加减”选项。

步骤 3：单击“结构”组中的“根式”按钮，在下拉列表中选择“平方根”选项。选中虚线框，单击“上下标”按钮，在下拉列表中选择“上标”选项，在两个虚线框中分别输入“b”和“2”；

步骤 4：将插入点移动到“b^2”的后边（注意不是 2 的后边），输入“-4ac”。

实训 4　绘制图形基础知识

选择题

1．在 Word 中，拖动图片周围的八个控制点可以（　　）。

A．修剪图片　　B．改变图片的高度或宽度

C．改变图片的亮度　　D．复制图片

2. 在 Word 文档中，插入“矩阵”“积分”等复杂的公式，可以使用（　　）选项卡完成。

A．文件　　B．插入

C．引用　　D．布局

3．图片可以以多种形式与文本混排，（　　）不是 Word 提供的环绕形式。

A．四周型　　B．浮于文字上方

C．浮于文字下方　　D．左右型

4．下列关于图形的叙述中，错误的是（　　）。

A．依次单击各个图形，可以选择多个图形

B．按住 Shift 键，依次单击各个图形，可以选择多个图形

C．单击“绘图工具-格式”选项卡中的“选择图形”按钮，在画布区内拖动鼠标形成一个区域，区域内的图形都将被选中

D．图形要先选中，才能对其进行编辑

5．在 Word 中，绘制一个矩形后，以下操作中不能完成的是（　　）。

A．更改矩形的大小　　B．移动矩形的位置

C．将矩形更改为其他形状　　D．设置线条的宽度

6．下列关于 SmartArt 图形的说法中，错误的是（　　）。

A．SmartArt 图形可以用于绘制流程图

B．用户可以添加或删除 SmartArt 图形中的形状

C．SmartArt 图形中文字的大小不能更改

D．SmartArt 图形包括循环图、流程图、层次结构图、关系图等

任务 5 编排图文

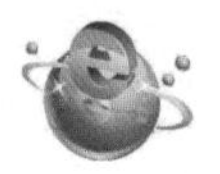

实训知识点

1．掌握图注、尾注的使用方法。

2．掌握创建与使用样式的方法。

3．掌握插入及设置目录的方法。

4．掌握邮件合并的操作。

实训 1　样式与目录

一、实训要求

打开文档“word0501.docx”，按如下要求进行操作。

（1）文档中的一级标题是以汉字“一”“二”开头的，例如“一、网民规模”。一级标题已经设置了字体和段落格式，将其大纲级别调整为“1级”，并以当前格式创建新样式，名称为“一级标题”。

（2）二级标题是以带括号的汉字“（一）”“（二）”“（三）”开头的，例如“（一）总体网民规模”，将其大纲级别调整为“2级”，并以当前格式创建新样式，名称为“二级标题”。

（3）为文中的其他一级标题应用“一级标题”样式，为所有二级标题应用“二级标题”样式。

（4）在“第二章 网民规模及结构状况”前插入文档目录，要求只显示两级标题，页码右对齐，选择第二个制表符前导符。

（5）在目录后插入“分页符”，并更新目录。

二、操作步骤

打开文档“word0501.docx”，操作步骤如下。

1. 创建名称为“一级标题”的样式

步骤1：选中“一、网民规模”一段，打开“段落”对话框。

步骤2：在“缩进和间距”选项卡的“常规”选区中，单击“大纲级别”下拉按钮，在下拉列表中选择“1级”选项，如图3-5-1所示，单击“确定”按钮。

步骤3：单击“开始”选项卡中“样式”组的“其他”按钮，在下拉列表中选择“创建样式”选项，打开“根据格式化创建新样式”对话框。

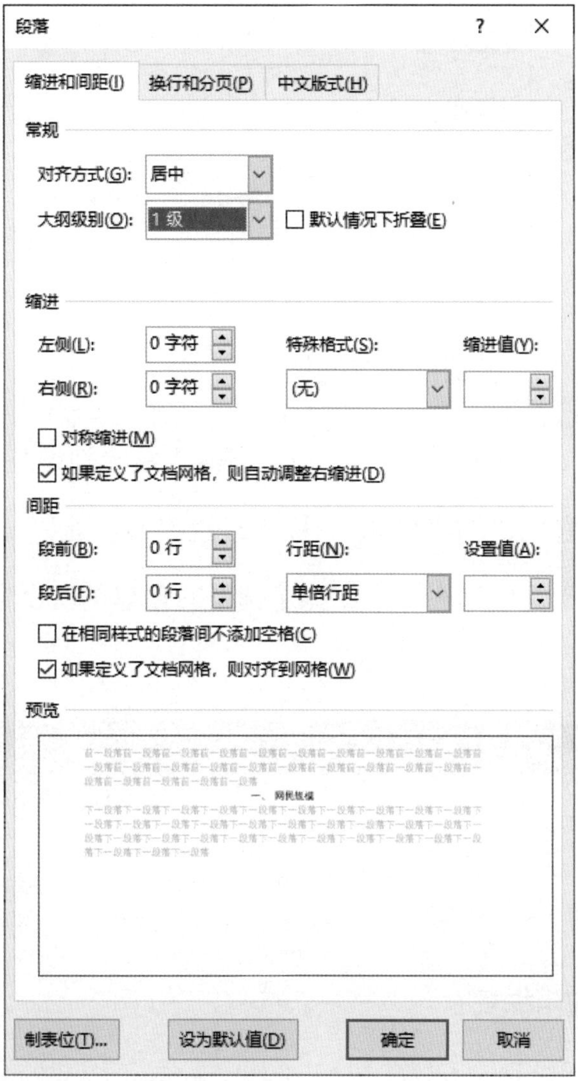

图 3-5-1　选择“1 级”选项

步骤 4：在“名称”文本框中输入“一级标题”，如图 3-5-2 所示。如果要修改样式的字体、段落格式，可以单击“修改”按钮。单击“确定”按钮，完成新样式的创建。文档中第一个标题已经应用了新创建的样式。

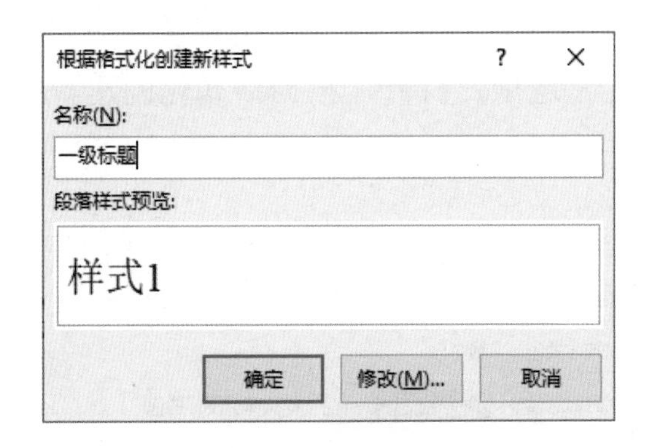

图 3-5-2　在“名称”文本框中输入“一级标题”

2. 创建名称为“二级标题”的样式

选中“（一）总体网民规模”一段，将其大纲级别调整为“2 级”，同时创建新样式，名称为“二级标题”。操作过程参照创建“一级标题”样式。此时，在“样式”组的列表框中就显示出了新创建的两个样式，如图 3-5-3 所示。

图 3-5-3　“样式”组的列表框中新创建的两个样式

3. 为标题应用样式

步骤 1：按下 Ctrl 键，依次选中“二、网民属性结构”“三、专题：老年群体互联网使用情况研究”，在“开始”选项卡中，将鼠标指针移动到“样式”组的列表框中“一级标题”选项上，当该段文字出现预览变化时，选择“一级标题”选项，完成样式的应用。

步骤 2：按下 Ctrl 键，依次选中其余二级标题，选择“样式”组的列表框中的“二级标题”选项。

4. 插入目录

步骤 1：将插入点移动到“第二章 网民规模及结构状况”前。

步骤 2：单击“引用”选项卡中“目录”组的“目录”按钮，在下拉列表中选择“自定义目录”选项。

步骤 3：单击“制表符前导符”下拉按钮，在下拉列表中选择第二个前导符（不包括“无”选项）。单击“显示级别”调整框右侧的向下箭头，将级别调整为“2”，或者直接在调整框中输入“2”，设置完成后的“目录”选项卡如图 3-5-4 所示。

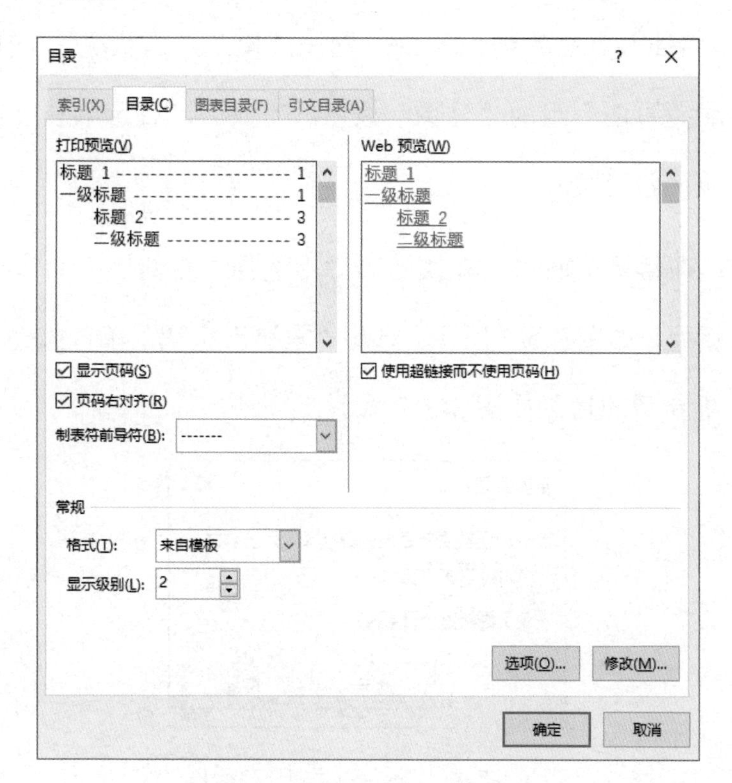

图 3-5-4　设置完成后的“目录”选项卡

步骤 5：单击“确定”按钮，就在指定位置插入了目录，如图 3-5-5 所示。

第 49 次中国互联网络发展状况统计报告

第二章 网民规模及结构状况

图 3-5-5 插入的目录

3. 插入分页符、更新目录

步骤 1：将插入点移动到“第二章 网民规模及结构状况”之前，单击“插入”选项卡中“页面”组的“分页”按钮。完成后，目录单独一页显示，但是目录中的页码没有变化。

步骤 2：在目录上右击，在快捷菜单中选择“更新域”命令，打开“更新目录”对话框，如图 3-5-6 所示。选中“只更新页码”单选按钮，单击“确定”按钮。更新后的目录如图 3-5-7 所示。

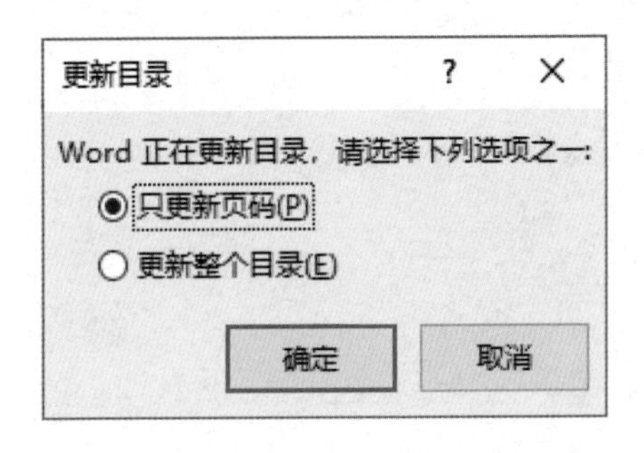

图 3-5-6 “更新目录”对话框

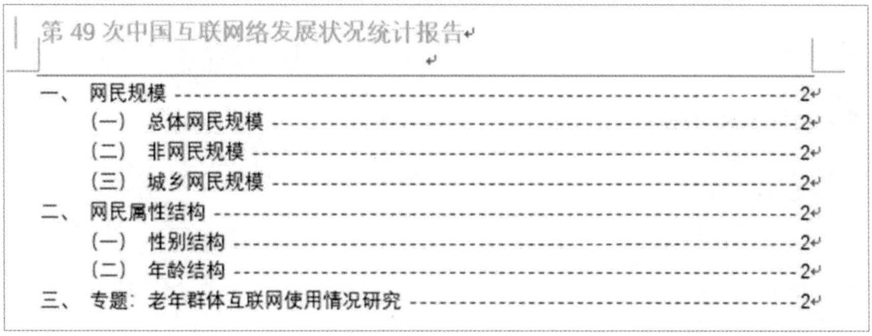

第 49 次中国互联网络发展状况统计报告

图 3-5-7　更新后的目录

实训 2　制作“邀请函”

一、实训要求

校学生会将举办大学生创新创业交流大会，想邀请不同学校的老师参加。文档“word0502.docx”是一份已经编辑好的邀请函模板。此次活动邀请的老师及其相关信息都在“邀请名单.xlsx”中。

使用 Word 中的邮件合并功能，批量制作邀请函，将结果保存为“邀请函结果.docx”。

二、操作步骤

打开邀请函模板“word0502.docx”，操作步骤如下。

1. 选择收件人

步骤 1：单击“邮件”选项卡中“开始邮件合并”组的“选择收件人”

按钮，在下拉列表中选择“使用现有列表”选项，会弹出“选取数据源”对话框，如图 3-5-8 所示。

图 3-5-8　“选取数据源”对话框

步骤 2：选择“邀请名单.xlsx”文件，单击“打开”按钮。

步骤 3：在弹出的“选择表格”对话框中使用默认选项，如图 3-5-9 所示，单击“确定”按钮。

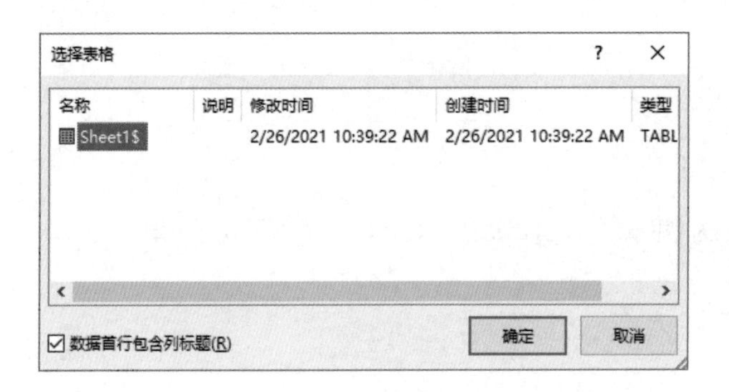

图 3-5-9　“选择表格”对话框

2. 插入合并域

步骤 1：将光标移动到“老师”之前。单击“编写和插入域”组中的“插入合并域”按钮，在下拉列表中选择“姓名”选项，如图 3-5-10 所示。

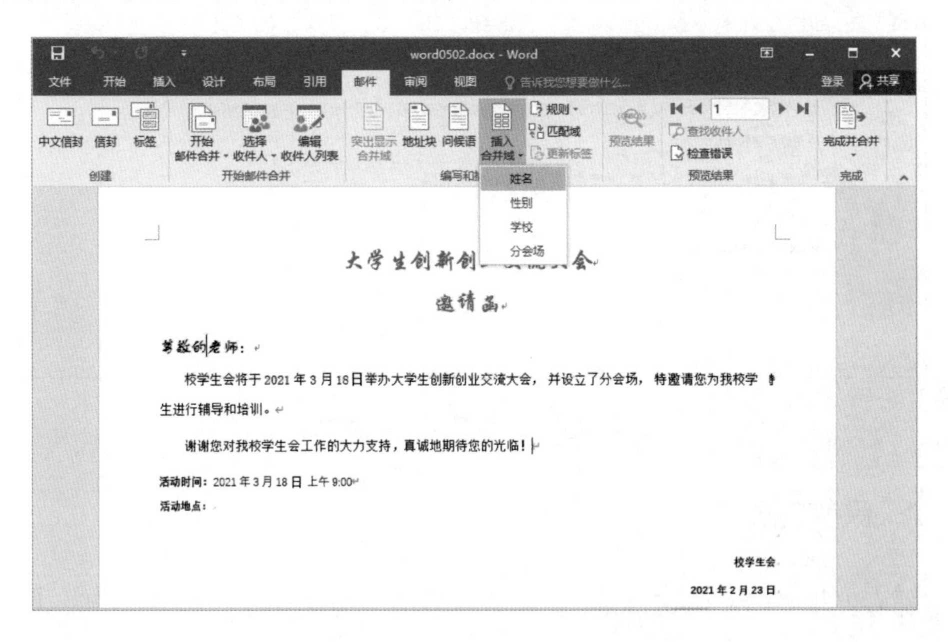

图 3-5-10　选择“姓名”选项

步骤 2：将光标移动到“活动地点：”之后，参照步骤 1 的操作过程，选择“分会场”选项。

3. 完成并合并

步骤 1：单击“完成”组中的“完成并合并”按钮，在下拉列表中选择“编辑单个文档”选项。

步骤 2：在“合并到新文档”对话框中选中“全部”单选按钮，并单击“确定”按钮，此时，所有创建好的邀请函会自动合并到文档“信函 1”中，如图 3-5-11 所示。

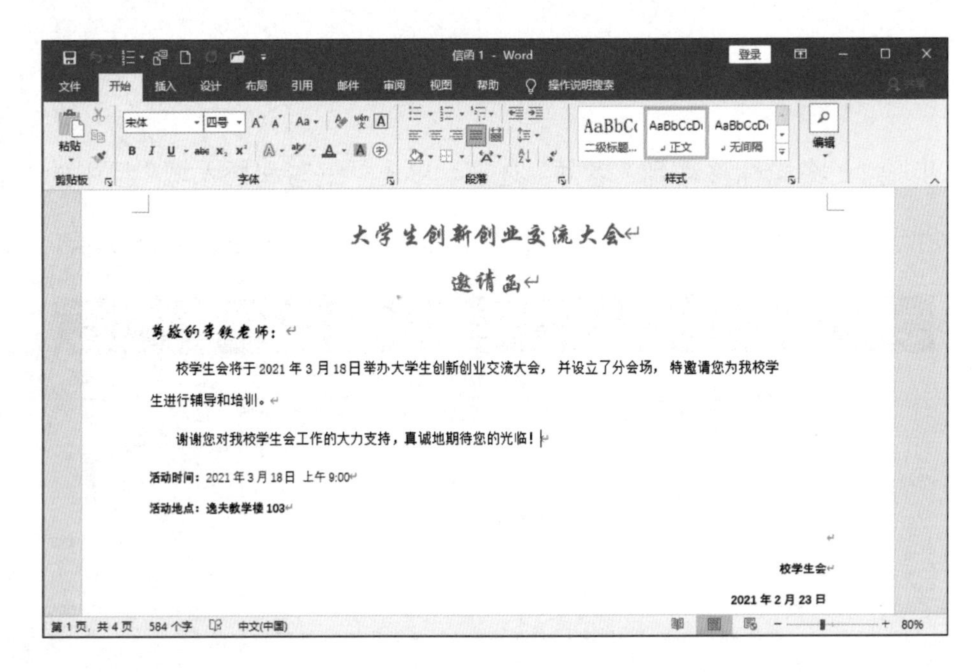

图 3-5-11 文档“信函 1”

4. 保存文档

保存文档“word0502.docx”，将合并后的文档保存为“邀请函结果.docx”。

实训 3 编排图文基础知识

选择题

1．Word 中的样式是一组（　　）的集合。

A．字符格式　　B．段落格式

C．控制符　　D．格式

2. 为所有报名参加“计算机等级考试”的同学制作准考证，使用（　　）更快捷。

A. 复制粘贴　　B. 邮件合并

C. 样式　　D. 信封

3. 下列有关文档分页的叙述中，错误的是（　　）。

A. 插入的分页符可以删除，也可以和正文内容一起打印出来

B. 当文档内容满一页后会自动分页

C. 在普通视图下，可以通过插入分页符强制分页

D. 分页符标志着前一页的结束，新一页的开始

4. 下列有关 Word 目录的叙述中，错误的是（　　）。

A. 目录的提取基于大纲级别

B. 按住 Ctrl 键的同时单击目录，可以跳转到对应的位置

C. 目录中的页码只能手动更新

D. 目录的显示级别是可以修改的